Repenser la relation homme-animal

Généalogie et perspectives

Sciences et Société

fondée par Alain Fuchs et Dominique Desjeux
et dirigée par Bruno Péquignot

Dernières parutions

Patrick TRAUBE, *Le monde à l'envers, Un autre regard sur le monde et sur nous-mêmes*, 2020.
Nicolas TANTI-HARDOUIN, *La reproduction sociale de la santé. Inégalités de santé : responsabilité individuelle ou destinée sociale ?*, 2019.
Jean-Luc MATHIEU, *Prévention : quels enjeux de Santé publique ! Analyse de politiques publiques*, 2018.
Jacques JAFFELIN, *Théorie de l'information générale ou la « quatrième vexation »*, 2018.
Claudine PÉREZ-DIAZ, *Sciences et action publique : un mariage fécond. L'exemple de l'alcool au volant*, 2017.
Philippe SALIGNAC, Les espaces du travail, *Prévention et santé au travail,* 2017
Gérard ALLAN, *Points de vue thermodynamiques sur notre quotidien, Société et thermodynamique*, 2016.
Xavier MOREAU, *Vieillissement et vulnérabilité, Comment rendre moins difficile le retour de la vulnérabilité*, 2016.
Jacques JAFFELIN, *Où va la civilisation ? Ethique pour un monde humain réconcilié avec ce dont il est issu*, 2015.
Anne CHATEAU et Odile PIQUEREZ, *Le syndrome d'Angelman. Parcours de vie des adultes*, 2015.
Anne CHATEAU, *Le syndrome d'Angelman. Regard sur une maladie neurogénétique rare*, 2013.
Laurence BRIOIS VILMONT, *L'imagerie médicale. La fabrique d'un nouveau malade imaginaire*, 2013.
Olivier NKULU KABAMBA, *L'assistance médicalisée pour mourir. Les soignants face à l'humanisation de la mort*, 2013.
Jean-Pierre BENEZECH, *Une éthique pour le malade. Pour dépasser les concepts d'autonomie et de vulnérabilité*, 2013.
Suzy COLLIN-ZAHN et Christiane VILAIN, *Quelle est notre place dans l'univers ? Dialogues sur la cosmologie moderne*, 2012.

Aurélie Choné, Isabel Iribarren, Marie Pelé,
Catherine Repussard, Cédric Sueur

Repenser la relation homme-animal

Généalogie et perspectives

L'Harmattan

Des mêmes auteurs
dans la même collection

Les études animales sont-elles bonnes à penser ?
Repenser les sciences, reconfigurer les disciplines, 2020.

Couverture : Alexis Gunkel.

5-7, rue de l'Ecole-Polytechnique, 75005 Paris
http://www.editions-harmattan.fr
ISBN : 978-2-343-19277-2
EAN : 9782343192772

Sommaire

Introduction

Les études animales présentent différents courants qui n'échangent pour l'instant que peu entre eux faute d'un terrain commun pour se comprendre et se répondre. Cet ouvrage centré sur la question structurellement interdisciplinaire de la rencontre entre les animaux humains et non-humains contribue à créer des passerelles entre ces différents courants. Il fait suite à un premier volume qui a montré la nécessité de réinventer les sciences et de reconfigurer les disciplines pour réellement tenir compte de la question animale [1].

Ce second volume questionne les grandes étapes historiques, politiques et philosophiques qui ont marqué les relations que nous entretenons avec les animaux non-humains depuis le Moyen Âge. Il s'attache à mettre au jour les moments de rupture ainsi que le rôle de certains précurseurs de la révolution animale. Il interroge également la notion d'anthropomorphisme, centrale pour repenser la relation homme-animal. Il se termine par deux ouvertures sur le domaine artistique, à travers la bande-dessinée, la poésie et la sculpture.

Au Moyen Âge, d'un traité sur les principes du vivant (son mouvement, sa génération, ses passions, ses dispositions et ses moyens de connaissance), le *De anima* d'Aristote devient le lieu théorique de la réflexion scolastique sur l'âme humaine, affirmant la justification chrétienne de sa supériorité sur les autres principes de vie. Dans le chapitre I, Isabel Iribarren, spécialiste d'histoire de l'Église médiévale et d'histoire de la philosophie médiévale, se propose d'examiner ce qui semble être un changement de paradigme (scientifique comme métaphysique), à travers l'examen d'un échantillon des commentaires scolastiques du *De anima* d'Aristote.

---

[1] Choné, A., Iribarren, I., Pelé, M. Repussard, C., Sueur, C. (eds.) (2020) *Les études animales sont-elles bonnes à penser ? Repenser les sciences, reconfigurer les disciplines*. L'Harmattan, Collection Sciences et Société.

Le chapitre II propose un parcours à travers les principaux textes bibliques de création et de recréation, ainsi qu'une enquête auprès de leurs différentes traditions d'interprétation. Il fait ressortir la grande diversité de leurs orientations théologiques. C'est notamment le cas des types de relations entre humains et vivants non-humains. De l'anthropocentrisme et de l'anthropomorphisme les plus échevelés, au théocentrisme ou à l'anthropomorphisme inversé, la gamme des textes s'avère singulièrement foisonnante. L'analyse du spécialiste de philosophie des religions Frédéric Rognon bat en brèche la conception monolithique du positionnement de l'Écriture judéo-chrétienne au sujet du statut de l'animal dans la Création.

Après les théories cartésiennes de l'animal-machine au début du XVIIIe siècle, qui consolident la frontière anthropologique entre l'homme et l'animal, une révolution conceptuelle s'affirme au courant du XIXe siècle avec la théorie de l'évolution de Charles Darwin. Dans le chapitre III, l'éthologue et écologue Pierre Jouventin s'intéresse aux écrits intimes de Darwin, révélant ainsi sa « face cachée », celle d'un philosophe et d'un moraliste désireux d'éviter les polémiques idéologiques, religieuses, politiques et sociales de son époque. Dans ces écrits, Darwin aborde la question de la relation homme-animal à travers un lien direct génétique et évolutif, mais il évoque aussi les conflits engendrés par sa théorie de la sélection naturelle avec ses propres convictions religieuses.

Dans le chapitre IV, le philosophe Enrique Utria montre comment les courants contemporains d'éthique animale se sont construits sur des analyses qui ne relèvent pas uniquement de leur discipline mère, la philosophie morale. Désormais, les abolitionnistes (qui refusent toute exploitation animale) s'appuient sur des considérations scientifiques, éthologiques, nutritionnelles, juridiques et politiques. Ainsi, pour sortir des pièges tendus par le cartésianisme, le philosophe américain Tom Reagan en appelle au darwinisme. Dans la même perspective, la philosophe française Florence Burgat s'appuie sur la pensée des pionniers de l'éthologie comme Uexküll, Buytendijk et Lorenz. Pour répondre aux objections centrées sur la nature omnivore de l'être humain, les « éthiciens » de la cause animale s'appuient sur la science de la nutrition. Enfin, la dernière génération de philosophes abolitionnistes repense la question politique, considérant que les catégories de « citoyen », « résident » et « nation souveraine » peuvent également être appliquées aux autres espèces animales.

Dans le chapitre V, le biologiste Georges Chapouthier rappelle que l'animal a été humanisé, voire divinisé dans de nombreuses civilisations. Or, à la suite de Descartes et de son élève Malebranche, la pensée occidentale a préféré opter pour le modèle de l'animal-objet, qui a guidé toutes les recherches en biologie animale bernardienne. Par un original retour des choses, les résultats mêmes de la recherche animale ont montré de nombreuses ressemblances entre l'homme et la plupart des animaux. Ces derniers sont des êtres dotés, comme l'homme, d'une sensibilité nerveuse et sont proches de l'être humain sans lui être exactement identiques. Cette conception moderne de l'animal sensible amène à envisager la recherche animale sous un tout autre angle et à faire davantage de place à la réflexion morale. La notion de « droits de l'animal », telle qu'elle est comprise par la Déclaration Universelle des Droits de l'Animal (1977), pourrait être une bonne manière d'aborder cette question dans les États de droit.

Dans le chapitre VI, l'éthologue Cédric Sueur questionne l'anthropomorphisme, à savoir l'attribution de caractéristiques humaines à des animaux. Selon lui, cette capacité cognitive de projection aurait évolué chez l'homme afin qu'il puisse mieux comprendre le monde qui l'entoure et qu'il puisse mieux interagir avec lui. Alors qu'il devrait être utilisé comme un principe de précaution, l'anthropomorphisme devient aujourd'hui systématique. Cédric Sueur tente de savoir si la « surutilisation » non fondée de l'anthropomorphisme ou de son contraire, le simplisme, permet d'améliorer nos relations avec les animaux ou s'il y met au contraire un frein tant au niveau de l'animal / individu (bien être) que de l'espèce (protection).

La question de l'anthropomorphisme est également traitée par les ethnologues Annabel Vallard et Stéphane Rennesson dans le chapitre VII à travers quatre études de cas ethnographiques : le ver à soie domestique, le poisson combattant, le Bulbul orphée et encore le scarabée rhinocéros qui sont engagés en Thaïlande dans des relations interspécifiques intenses, notamment dans le cadre de productions industrielles et de jeux humains. À partir de ces exemples variés, les auteurs montrent comment des spécialistes des interactions avec ces animaux, dont ils cherchent à obtenir la coopération, projettent sur eux à la fois des attributs humains et des caractéristiques propres à d'autres animaux, procédant à un zoomorphisme croisé. Ils rebattent ainsi les cartes de l'arbre phylogénétique, en n'épargnant pas les acteurs humains de ces dispositifs interspécifiques.

Dans le chapitre VIII, l'historien et théoricien de la bande dessinée Thierry Groensteen présente une analyse des marqueurs d'anthropomorphisation des animaux dans la bande dessinée. La parole bien sûr, mais aussi la station debout, l'habillement, l'habitat, le travail, les comportements sociaux, amoureux, politiques – sans oublier le sens de l'humour. Or, ces différents traits se rencontrent dans des combinaisons variables selon les personnages, dans ce genre canonique qu'est la bande dessinée dite animalière. Le statut des héros hybrides est souvent frappé d'instabilité, ou pétri de contradictions. Thierry Groensteen l'illustre à travers quelques exemples et un examen plus approfondi de l'œuvre de Gotlib, dans laquelle ces oscillations sont constitutives du comique. Plutôt que d'anthropomorphisme naïf, la bande dessinée serait porteuse d'un anthropomorphisme ludique, qui se joue incessamment des catégories ontologiques et biologiques pour réenchanter le vivant.

Dans le chapitre IX, Lydie Parisse, auteure et metteure en scène, s'intéresse au poète Jean-Luc Parant, qui a publié plusieurs livres sur les animaux et réalisé de nombreuses œuvres plastiques. Elle expose la façon dont Jean-Luc Parant repense de façon très personnelle la relation homme-animal, en particulier à travers un projet commun de création d'une pièce qui est une réécriture de *L'Oiseau bleu* de Maurice Maeterlinck. Elle montre que la critique de l'anthropomorphisme est importante pour Jean-Luc Parant comme pour Maeterlinck (qui a consacré de célèbres ouvrages aux abeilles, aux termites et aux fourmis) : pour lui il n'y a pas de suprématie de la perception humaine sur les autres modes d'approche ; et contrairement à l'humain, l'animal ne peut se contenter d'une image du monde pour comprendre le monde, il lui faut l'appréhender avec son corps tout entier.

Cet ouvrage, ainsi que le précédent publié dans la même collection, font suite à deux colloques organisés à l'Université de Strasbourg dans le cadre du programme 2017-2018 de la Maison Interuniversitaire des Sciences de l'Homme-Alsace (MISHA), intitulé : « La rencontre homme-animal au croisement de la religion, de la culture et de la science. Généalogie et perspectives » et porté par Aurélie Choné et Catherine Repussard. Ces colloques ont également eu lieu dans le cadre du master Éthique à spécialisation « Éthique et Droit de l'animal » du Centre Européen d'Enseignement et de Recherche en Éthique (CEERE) de l'Université de Strasbourg et du programme de formation recherche 2017-2019 du Centre Interdisciplinaire d'Étude et de Recherche sur l'Allemagne (CIERA) : « Circulations et renouvellement des savoirs sur la nature et l'environnement en France et en Allemagne : vers des Humanités environnementales » porté par Aurélie Choné et Philippe Hamman.

Nous tenons à remercier toutes les institutions qui ont soutenu financièrement l'organisation de ces colloques : la MISHA, l'Institut Pluridisciplinaire Hubert Curien (IPHC UMR 7178), l'équipe de recherche EA 4377 de Théologie Catholique et de Sciences Religieuses, l'équipe de recherche EA 1341 Mondes germaniques et nord-européens, le Centre Interdisciplinaire d'Étude et de Recherche sur l'Allemagne (CIERA), le Centre Européen d'Enseignement et de Recherche en Éthique (CEERE) et la Fondation Droit animal, Éthique et Sciences (LFDA). Nous remercions également Ève Hoerth, Alexandre Zeitler et Nephtys Zwer pour leur soutien logistique lors de ces deux colloques, ainsi que Brigitte Gaillard pour son aide précieuse pour l'édition de ce volume.

Chapitre I

Les avatars du *De anima* d'Aristote au Moyen Âge

Isabel Iribarren

Afin de faire face aux courants philosophiques de tendance positiviste en vogue pendant la seconde moitié du XIXe siècle, le cardinal Désiré Mercier, théologien d'origine belge, entreprit de combiner l'étude du thomisme[1], alors promu vigoureusement par le pape Léon XIII, avec la psychologie expérimentale moderne. Le *De anima* d'Aristote parut comme le lieu le plus propice pour amorcer ce vaste projet pédagogique, qui concevait la psychologie comme étant au centre de la philosophie. La science de l'âme devint dès lors porteuse du renouveau thomiste[2]. Le programme du cardinal Mercier conduit entre autres à la création d'un Institut de Philosophie en 1889, dont l'un des premiers fruits éditoriaux fut l'établissement du texte du commentaire thomasien de la psychologie aristotélicienne (*Summa theologiae*, Ia Pars, q. 75-90). En 1956, l'institut de Mercier devint le *De Wulf-Mansion Centre*, rattaché à l'Université de Louvain. Ce prestigieux centre de recherches consacré à l'étude de la philosophie ancienne et médiévale est aujourd'hui le siège du projet d'édition de l'*Aristoteles latinus*[3]. En toute cohérence, les éditeurs du volume commémorant les 50 ans de la création du centre

---

[1] « Thomisme », d'après la pensée de Thomas d'Aquin, théologien du XIIIe siècle.

[2] Pour Mercier, la psychologie doit être conçue comme un *tractatus de homine* : l'homme seul y est considéré, mais dans toutes les manifestations de sa vie. À ce sujet, voir par exemple Strasser, S. (1951) Désiré Mercier et le problème de la psychologie néothomiste. *Revue Philosophique de Louvain*, n° 49 : 699-713. Aubert, R. (1990) Désiré Mercier et les débuts de l'Institut de Philosophie. *Revue Philosophique de Louvain*, n° 88 : 147-167.

[3] Steel, C. (1992) Aquinas and the Renewal of Philosophy: Some Observations on the Thomism of Désiré Mercier. In : Boileau, D.A., Dick, J.A. (dir.) *Tradition and Renewal. Philosophicl Essays Commemorating the Centennial of Louvain's Institute of Philosophy*. Vol. 1, Leuven University Press, 181-215.

ont fait le choix d'honorer la tradition antique et médiévale du *De anima* d'Aristote[4]. L'intégralité des contributions formant le volet médiéval porte sur des questions de noétique[5] et d'épistémologie concernant l'âme humaine. Nulle trace d'une réflexion sur le vivant, sur les animaux ou sur l'âme sensitive autre que comme vecteurs d'une enquête anthropologique. Si l'héritage de Monseigneur Mercier pèse lourdement sur les choix historiographiques des contributeurs à ce volume, il n'en reste pas moins que l'histoire de la réception médiévale d'Aristote a préparé le terrain pour un changement de paradigme. Manifesté par la scission entre l'âme et le vivant, ce nouveau régime de scientificité souligne l'interdépendance logique qui rattache une méthode de raisonnement déductif à une épistémologie où priment l'universel et le nécessaire. L'âme rationnelle, seule exempte des contraintes matérielles, devient l'objet principal de la « science de l'âme », aux dépens de l'âme sensitive, compromise avec le sensible et donc objet des sciences naturelles. C'est ce tournant épistémologique que je souhaite examiner ici à travers des témoins médiévaux de la place accordée au *De anima* dans les classifications du savoir au Moyen Âge.

Le *De anima* dans l'antiquité

Le *De anima* se présente d'abord comme un « exposé général de ce qu'est l'âme ». Selon la définition consacrée du Livre II, l'âme est « l'entéléchie [actualité, principe de perfection] première d'un corps naturel organique[6] ». Il s'agit donc d'une analyse hylémorphique du vivant, entendu comme un composite de forme et de matière, là où la matière est un corps organique et la forme ce qui lui donne son identité et son actualité. Aristote nous invite ainsi à considérer le corps organisé comme un instrument de l'âme : c'est parce que l'âme peut réaliser certaines opérations qu'elle se réalise dans un corps organisé d'un certain type[7]. À différents degrés d'organisation correspondent donc différentes

---

[4] Friedman, R.L., Counet, J.-M. (dir.) (2013) *Medieval Perspectives on Aristotle's,* De anima. Louvain-Paris-Walpole MA, Peeters (Philosophes médiévaux, t. 58).

[5] Qui concerne le statut de l'intellect.

[6] Aristote, *De anima* II, 1, 412b4-6.

[7] Aristote, *De anima* II, 4, 415b18-21 ; *Parties des animaux* I, 5.

formes de vie, de l'âme nutritive des végétaux à l'âme rationnelle de l'homme[8].

Aristote explique la relation entre ces différents degrés d'organisation à travers une analogie qui sert à délimiter le champ d'étude du *De anima* et qui deviendra courante au Moyen Âge[9] : de même que les figures géométriques sont ordonnées en série à partir du triangle, ainsi les âmes sont-elles ordonnées sériellement depuis l'âme nutritive jusqu'à l'âme rationnelle. Tout comme le triangle se trouve potentiellement dans le rectangle, les capacités de nutrition, de croissance et de déclin relevant de l'âme nutritive se trouvent potentiellement dans la faculté de perception sensible propre à l'âme sensitive et par ce biais dans la faculté d'intellection de l'âme rationnelle[10]. L'analogie avec les figures géométriques vise à réfuter l'idée selon laquelle les différents types d'âme forment un *genus* auquel elles seraient toutes

---

[8] Aristote, *De anima* I, 1, 402a4-7 ; *De anima* II, 2, 413a31-32 ; II, 3, 415a8-9. À ce sujet, voir Andrea Falcon, The Scope and Unity of Aristotle's Investigation of the Soul. In : Van Riel, G. et Destrée, P. (dir.) (2009) *Ancient Perspectives on Aristotle's* De anima, Leuven University Press, p. 167-181 ; Lloyd, G.E.R. (1992) Aspects of the Relationship between Aristotle's Psychology and Zoology. In : Nussbaum, M. et Rorty, A. (dir.) (1992) *Essays on Aristotle's* De anima, Oxford University Press, p. 147-182, ici p. 148. Voir aussi Pellegrin, P. (1996) Le *De anima* et la vie animale : trois remarques. In : Romeyer-Dherbey, G. (dir.) *Corps et âme. Sur le* De anima *d'Aristote*, Paris, J. Vrin, p. 465-492, qui considère le *De anima* comme un traité de psychologie animale. Dans le *De anima*, Aristote ne se limite donc pas à ce qui relève spécifiquement de l'âme humaine ; il est au contraire persuadé qu'une pleine compréhension de l'âme, entendue comme principe de vie, exige une enquête globale qui dépasse la spécificité humaine. Voir Aristote, *De anima* I, 1, 402b2-8 : « Considerandum autem est et si partibilis aut inpartibilis, et utrum sit similis speciei omnis anima aut non ; si autem non est similis speciei, utrum specie differens aut genere sit. Nunc quidem enim dicentes et querentes de anima, de humana solum videntur intendere. Verendum autem est quatenus non lateat utrum una ratio ipsius sit aut, sicut animalis est, secundum unumquodque altera, ut equi, canis, hominis, dei, animal autem universale aut etiam nichil est aut posterius ; similiter autem et si aliquod commune aliud predicetur ».

[9] Aristote, *De anima* II, 3, 414b20-22. À ce sujet, voir Menn, S. (2002) Aristotle's Definition of the Soul and the Programme of the *De anima*. In : *Oxford Studies in Ancient Philosophy*, n° 22, p. 82-139.

[10] Aristote, *De anima* II, 3, 414b24-25.

réductibles[11]. Pour la même raison, la science de l'âme doit se limiter au monde sublunaire[12], car aucun rapport sériel ne peut exister entre les âmes des êtres corruptibles, l'homme y compris, et les âmes célestes, impérissables. À côté des traités de biologie mineurs, comme les *Parva naturalia*, le *De anima* apparaît ainsi comme encore une manifestation du lien étroit entre corps et âme.

Avec l'interprétation arabe et néoplatonicienne du *corpus* aristotélicien adoptée par le christianisme, la vision antique du *De anima* subit alors une double entorse, ontologique et épistémologique : quant à la première, il s'agit de la hiérarchisation des principes de vie et leur réduction à l'âme intellective comme forme d'organisation supérieure et supranaturelle ; deuxièmement, et de façon connexe, on assiste à la rupture de l'unité fondamentale de la *scientia de anima* par la distinction plus nette entre biologie et psychologie. Cette dernière finit dès lors par basculer dans la catégorie des sciences spéculatives liées à l'étude des réalités abstraites car dénuées de matérialité.

Un facteur explicatif majeur de cette double mutation est l'histoire de la réception de l'œuvre d'Aristote en Occident médiéval. Celle-ci a été abondamment étudiée pour qu'il soit utile ici d'en reproduire tous les détails[13]. On se bornera à rappeler le fait capital : Aristote n'arrive pas seul, mais accompagné des gloses des commentateurs arabes, en premier chef Averroès, et d'un amalgame des traditions de pensée diverses, principalement d'origine néoplatonicienne[14]. En schématisant grossièrement,

---

[11] Contre la tradition platonicienne du *Timée*, qui conçoit la vie de façon univoque : le monde entier est *zoon*. Pour Aristote, au contraire, le vivant se dit de différentes manières. Voir à ce propos Ward, J.K. (1996) Souls and Figures: Defining the Soul in the *DA* II 3, *Ancient Philosophy*, n° 8, p. 113-128.

[12] Dans la cosmologie aristotélicienne : la terre, le monde situé en dessous de la Lune.

[13] Pour une excellente synthèse, voir Dod, B.G. (1982) Aristoteles latinus. In : N. Kretzmann, N., Kenny, A., Pinborg, J., Stump, E. (dirs.) (1982) *Cambridge History of Late Medieval Philosophy*. Cambridge University Press, p. 45-79.

[14] La littérature à ce sujet est vaste. Voir essentiellement Bianchi, L. (1999) *Censure et liberté intellectuelle à l'Université de Paris (XIIIe-XIVe siècle)*. Paris, Les Belles Lettres. König-Pralong, C. (2005) *Avènement de l'aristotélisme en terre chrétienne. L'essence et la matière : entre Thomas*

cette dernière se fonde sur deux piliers : l'œuvre de Denis le pseudo-Aréopagite, en qui tout le Moyen Âge vénère le disciple de S. Paul, et le *Liber de causis*, attribué à Aristote, mais s'agissant en fait d'un résumé des *Elementa theologica* de Proclus, philosophe néoplatonicien du Ve siècle. La première sert de vecteur à une longue tradition qui conçoit l'univers comme un ordre architectural fait des dispositions des parties dans le tout. La finalité de l'ordre est de produire l'union à Dieu, conversion qui s'accomplit par l'affranchissement des contraintes matérielles[15]. Cette vision reste solidaire avec la cosmologie véhiculée par le *Liber de causis*, selon laquelle le processus de constitution de l'univers se réalise par voie d'une émanation intellectuelle. Les processus cognitifs des Intelligences séparées qui régissent le cosmos sont ainsi constitutifs des réalités et s'érigent en modèles d'une éthique intellectualiste qui vise la contemplation philosophique. En ce qui suit on examinera ces deux « entorses » plus en détail.

L'entorse ontologique : la hiérarchisation des principes de vie

Les commentateurs arabes d'Aristote, notamment Averroès, ont appliqué la noétique néoplatonicienne à leur lecture du *De anima*, et en ont fait le pivot de leur anthropologie. Très influente en milieu parisien dans la seconde moitié du XIIIe siècle, la thèse principale de l'averroïsme se voulait une interprétation d'un passage ambigu du livre III du *De anima*, où il s'agissait de la nature et de l'origine de l'intellect agent. Aristote y analyse la partie de l'âme qui pense et qui veut, c'est-à-dire la fonction spirituelle de l'âme (le *nous*). Mais alors qu'il avait défini l'âme comme la forme d'un corps organisé, il ne s'était pas résolu à conclure que cela valait également pour l'« esprit de l'âme » ; il avait laissé

---

d'Aquin et Guillaume d'Ockham. Paris, J. Vrin. de Libera, A. (1991) *Penser au Moyen Âge*, Paris, Le Seuil. Putallaz, F.X. (1995) *Insolente liberté. Controverses et condamnations au XIIIe siècle*, Paris, Le Cerf. Boureau, A. (2007) *L'Empire du Livre. Pour une histoire du savoir scolastique (1200-1380). La Raison scolastique II*, Paris, Les Belles Lettres.

[15] Voir à ce sujet Suárez-Nani, T. (2002) *Les anges et la philosophie. Subjectivité et fonction cosmologique des substances séparées à la fin du XIIIe siècle*. Paris, Vrin. Pour une étude de la lecture néoplatonicienne du *De anima*, voir Hoffmann, Ph. (2014) Interprétations néoplatoniciennes du *De anima*. In : *Studia graeco-arabica*, n° 4, p. 289-300.

plus d'autonomie à l'esprit, dans la mesure où celui-ci n'est pas mêlé au corps. Ce récit quelque peu équivoque ouvrait la voie à des interprétations éventuellement contradictoires de l'intellect humain. Selon la lecture qu'en fait Averroès, l'intellect est un en nombre pour tous les hommes, dans la mesure où il n'est pas compromis avec la matière, principe d'individuation. Dans l'homme, composé de forme et de matière, la forme est plus digne que le composé ; elle mérite donc davantage de lui donner son nom, puisque c'est par elle qu'il est en acte.

Plus profondément, et malgré les conséquences néfastes de cette thèse sur la croyance chrétienne en l'immortalité de l'âme individuelle, la thèse de l'intellect unique présuppose un principe anthropologique cher à la pensée chrétienne, selon lequel l'homme est défini uniquement par sa forme, l'âme intellective, et non point par la matière (son corps)[16]. En effet, ce présupposé philosophique se combinait harmonieusement avec l'intuition chrétienne de la simplicité absolue de l'âme, principe immortel divinement infusé dans la créature. Or, une telle vision anthropologique ne laissait pas intacte l'autonomie des autres principes de vie. Très révélatrice à cet égard est l'interprétation thomasienne de l'analogie aristotélicienne, mentionnée plus haut, entre les parties de l'âme et les figures géométriques. Souvent mobilisé pour expliquer la coexistence des trois principes vitaux selon un ordre hiérarchique, Thomas d'Aquin s'en sert au contraire pour étayer une *reductio* des fonctions vitales et cognitives au seul principe intellectif[17].

---

[16] Voir à ce propos de La Rochelle, J. (1995) *Summa de anima*, I, 2, éd. J.G. Bougerol, Paris, J. Vrin, p. 52 : « notandum quod substantia creata quedam est spiritus et non anima, sicut angelus : quedam autem anima et non spiritus, ut anima sensibilis in brutis, vegetabilis in plantis ; quedam anima et spiritus ut anima racionalis ».

[17] Thomas d'Aquin, *Quaestiones disputatae De anima*, q. 2, ad 8um : « Ad octavum dicendum quod similitudo philosophi de figuris ad partes animae attenditur quantum ad hoc, quod sicut tetragonum habet quidquid habet trigonum et adhuc amplius et pentagonum quidquid habet tetragonum: ita sensitiva anima habet quidquid habet nutritiva, et intellectiva quidquid habet sensitiva et adhuc amplius. Non ergo per hoc ostenditur quod nutritivum et sensitivum essentialiter differant ab intellectivo ; sed magis quod unum illorum includat alterum ». Pour la thèse thomasienne de la forme substantielle unique, voir notamment *Summa theologiae*, Ia Pars, q. 76.

L'entorse épistémologique : la place du *De anima* dans les classifications des sciences au Moyen Âge

Malgré des débuts difficiles ponctués par des interventions ecclésiastiques en 1210 et 1215[18], l'assimilation des *libri naturales* d'Aristote à l'Université de Paris atteint un point de maturation en 1255. Cette année, la Faculté des arts réorganisa les études et déclara que toutes les œuvres alors connues d'Aristote devraient faire l'objet d'un enseignement régulier[19]. On rendit obligatoire l'étude du *De anima* dans la première phase des études, celle où les *libri naturales* occupent une place primordiale[20]. Ces œuvres étaient accompagnées du commentaire d'Averroès, qui eut ainsi une influence décisive dans la constitution du curriculum des *libri naturales*[21]. Pendant la période qui va de 1215 à 1255, le programme d'enseignement à la Faculté des arts de Paris évolua donc très vite. L'apport du nouvel Aristote et des sciences arabes fait éclater les schémas anciens et élargissent considérablement le domaine du savoir. On assiste alors à une multiplication des classifications des sciences[22]. Celles-ci font

---

[18] Voir *Chartularium Universitatis Parisiensis (CUP)*, I, 20, p 78-80.

[19] *CUP* I, 246, p. 277-279.

[20] Pour ces premiers commentaires du *De anima*, datant de la première moitié du XIIIe siècle, voir Gauthier, R.-A. (1985) *Anonymi, magistri artium (c. 1245-1250), Lectura in librum De anima*, Grottaferrata.

[21] Sur le programme d'enseignement à la Faculté des arts dans le XIIIe et XIVe siècles, voir Weijers, O. (1996) *Le maniement du savoir. Pratiques intellectuelles à l'époque des premières universités (XIIIe-XIVe siècles)*. Turnhout, Brepols. Voir aussi Lohr, Ch. (1997) The new Aristotle and "science" in the Paris arts faculty (1255). In : Weijers, O. et Holtz, L. (dir.) (1997) *L'enseignement des disciplines à la Faculté des arts (Paris et Oxford, XIIIe-XIVe siècles)*. Actes du colloque international, Turnhout, Brepols (Studia Artistarum 4), p. 251-269.

[22] À ce sujet, voir entre autres McKeon, R. (1975) The Organization of Sciences and the Relations of Cultures in the XIIth and XIIIth Centuries. In : Murdoch, J. E. *et al.* (dirs.) *The Cultural Context of Medieval Learning*. Dordrecht, p. 151-192. Voir aussi Claude Lafleur, *Quatre introductions à la philosophie au XIIIe siècle. Textes critiques et étude historique*, Paris/Montréal, Vrin/Institut d'Études Médiévales, 1988 ; *Ibid.*, « Les textes "didascaliques" ("introductions à la philosophie" et "guides de l'étudiant") de la Faculté des arts à Paris au XIIIe siècle: *notabilia* et *status quaestionis* ». In : Weijers, O. et Holtz, L. (dirs.) (1997) *L'enseignement des disciplines à la Faculté des arts (Paris et Oxford, XIIIe-XIVe siècles)*. Actes du colloque international, Turnhout, Brepols (Studia Artistarum 4), p. 345-372 ; Dahan, G.

typiquement partie des commentaires des œuvres d'Aristote, où elles sont intégrées aux prologues comme éléments d'explication du texte, afin de montrer la place du sujet traité dans l'ensemble des sciences[23]. Prolifèrent aussi les guides de l'étudiant et les introductions à la philosophie, qui nous renseignent sur la conception qu'avaient les maîtres de la place de la philosophie dans l'ensemble du champ des connaissances. Comme l'a montré Claude Lafleur, cette littérature avait une triple visée. Outre l'objectif pratique de fournir aux candidats à la licence des outils leur permettant d'acquérir une vision d'ensemble des matières sujettes à questionnement, ces « textes didascaliques » remplissaient aussi une fonction théorique et idéologique. En clarifiant l'architectonique du « nouveau savoir » du péripatétisme gréco-arabe, ils faisaient l'apologie de la rationalité et exaltaient l'autonomie de la philosophie comme sagesse totale[24].

Parmi les critères employés pour classifier les sciences, le plus courant, repris de la tradition aristotélicienne, se fonde sur les degrés d'abstraction par rapport à la matière et au mouvement. Oscillant entre étude du vivant et traité de noétique, la place du *De anima* dans ces classifications reste liminaire : dépassant l'approche purement naturaliste des traités biologiques par le composant humain de son objet d'étude, il reste en deçà de la philosophie spéculative du type métaphysique. Ainsi, le célèbre « guide de l'étudiant » rédigé entre 1230 et 1240 pour les candidats se présentant aux examens à la Faculté des arts à Paris, distingue trois espèces d'âme, chacune faisant l'objet d'une science distincte : l'âme végétative, étudiée dans le *De plantis* ; l'âme sensitive, objet du *De animalibus* ; enfin l'âme rationnelle, considérée par le *De anima*[25]. Un autre témoignage allant dans le

---

(1990) Les classifications du savoir aux XIIe et XIIIe siècles. In : *L'enseignement philosophique*, n° 40/2, p. 5-27.

[23] Voir Weijers, O. (1996) *Le maniement du savoir*. Brepols publishers, p. 192-193.

[24] Lafleur, C. (1997) Les textes « didascaliques ». In : L'enseignement des disciplines à la Faculté des arts (Paris et Oxford, XIIIe-XVe siècles). Brepols, p. 345-372.

[25] Voir Lohr, C. « The new Aristotle », p. 251-269, ici p. 253. Pour le « guide de l'étudiant », voir Lafleur, C. et Carrier, J. *Le « Guide de l'étudiant » d'un maître anonyme de la Faculté des arts à Paris au XIIIe siècle. Edition critique provisoire du ms. Barcelona, Arxiu de la Corona d'Aragó, Ripoll 109, fol.*

même sens est celui de Pierre d'Espagne, l'un des commentateurs les plus connus d'Aristote avant l'intervention du statut de 1255 et des *novae translationes* de Guillaume de Moerbeke. Dans son commentaire au *De anima* (*c*. 1240), Pierre d'Espagne s'attarde à circonscrire son objet :

> « Dans le corps animé, il y a trois choses à considérer. [Premièrement], la composition du corps, la disposition de ses parties et l'origine de celles-ci. Et c'est ainsi que les livres *De animalibus* et *De vegetalibus* traitent du corps animé. Mais dans le *De animalibus* cet examen a pour objet le corps sensible, tant chez les bêtes que chez les hommes, alors que dans le *De vegetalibus* l'on traite seulement du corps végétal dans la mesure où il est un corps animé. Deuxièmement, [on considère] les opérations de l'âme qui proviennent de l'âme et qui se terminent dans le corps. C'est ainsi que le livre *De anima* examine le corps animé. Il est intitulé d'après l'âme, car il étudie le corps du point de vue de l'âme [*ratione animae*] et de ses opérations. Troisièmement, [on peut considérer] les opérations qui proviennent du corps en tant que corps. C'est ainsi que traitent du corps animé les livres mineurs comme le *De somno et vigilia, De morte et vita, De inspiratione et res-*

134ra-158va, Québec, 1992 (avec, dans l'Appendice 3, une transcription du recueil des questions *Primo quaeritur utrum philosophia* du ms. München, Bayerische Staatsbibliothek, Clm. 14460, fol. 28rb-32ra). Édition définitive à paraître dans la collection Corpus Christianorum Continuatio Medievalis sous le titre *Compendium examinatorum Parisiense*. Voir Van Steenberghen, F. (1966) *La philosophie au XIIIe siècle*, Louvain-Paris, p. 72-117 (Invasion de la philosophie païenne), p. 118-189 (L'aristotélisme éclectique), ici p. 125. Voir aussi Wingate, S.D. (1931) *The Mediaeval Latin Versions of the Aristotelian Scientific Corpus with Special Reference to the Biological Works*, Londres ; Gauthier, R.A. *Le traité « De anima et de potenciis eius » d'un maître ès arts (vers 1225) :* Introduction et texte critique. *Revue des Sciences Philosophiques et Théologiques*, n° 66, 1982, p. 3-55 ; Gauthier, R.A. *Anonymi magistri artium (c. 1245-1250) Lectura in librum De anima a quodam discipulo reportata, MS Roma Naz. V.E. 828*, Grottaferrata, 1985 ; M. de Asúa, *The Organization of the Discourse on Animals in the Thirteenth Century: Peter of Spain, Albert the Great and the Commentaries on « De animaibus »*, diss. Notre-Dame Univ. 1991.

piratione, car le sommeil, l'éveil, la mort, la vie et la respiration s'initient dans le corps[26]. »

La place du *De anima* dans le *corpus* des *libri naturales* est équivoque parce que relative. Elle étudie le corps animé dans un sens autre que les *Parva naturalia*, en ce qu'elle le fait du point de vue de l'âme (*a parte animae*), alors que les autres branches de la philosophie naturelle étudient le corps animé dans sa partie sensible et donc corporelle[27]. Faisant fi de l'hylémorphisme qui

---

[26] Petrus Hispanus, *Sententia cum quaestionibus libri de anima*, qq. Praeambulae probl. 1 q. 13, éd. Alonso II, 83f. ; *Ibid.*, 177f : « Dicendum est quod in corpore animato sunt tria, scilicet complexio corporis et dispositio partium eius et ortus et ordinatio (occasio) illarum. Et sic determinatur de corpore animato in libro *Animalium* et *Vegetabilium*. Sed in libro *Animalium* determinatur hoc modo de omni corpore sensibili tam bruti quam hominis. In libro autem *Vegetabilium* determinatur hoc mode de omni corpore vegetabili secundum quod est in corpore animato. – Secundum <est> operationes animae quae egrediuntur ab anima et terminantur ad corpus. Et sic determinatur in libro *De anima* de quolibet corpore animato. Et ideo intitulatur ab anima, quia de ipso <corpore> determinatur ratione animae et operationum eius. – Tertium est operationes quae proveniunt corpori animato a parte corporis et habent ortum a corpore. Et sic determinatur de corpore animato in minoribus libris, ut in libro *De somno et vigilia, De morte et vita, De inspiratione et respiratione*, quia somnus, viglia, mors, vita, inspiratio et respiratio incipiunt a corpore » ; *Ibid.*, 81f : « <Scientia ista> est… de corpore animato, non ratione corporis, sed ratione qua comparatur ad animam. De corpore enim animato in *Vegetabilibus* determinatur, sed non in quantum refertur ad animam, sed in quantum refertur ad partes suas et dispositiones suarum partium. Et in libro *De animalibus* determinatur de corpore animato non in quantum refertur ad animam, sed in quantum refertur ad complexionem suam et dispositiones suarum partium. In hac autem scientia <de anima> determinatur de corpore animato in quantum refertur ad animam et ad operationes animae ».

[27] Voir aussi Petrus Hispanus, *Sententia*, praeamb. probl. 1 q. 13, ed. Alonso II, 79f-81f. À ce sujet, voir Köhler, Th. W. (2000) *Grundlagen des philosophisch-anthropologischen Diskurses im dreizehnten Jharhundert. Die Erkenntnisbemühung um den Menschen im zeitgenössischen Verständnis*, Leiden, p. 335-383 ; Sander de Boer, « Methodological Considerations in the Later Medieval *Scientia de Anima* ». In : Friedman, R.L. et Counet, J.-M. (dir.) *Medieval Perspectives on Aristotle's* De anima, p. 161-184 ; Zupko, J. (1997) What is the Science of the Soul ? A Case Study in the Evolution of the Late Medieval Natural Philosophy. *Synthese*, n° 110, p. 297-334. Sur la réception des *Parva naturalia* au Moyen Âge, voir *Les Parva Naturalia d'Aristote. Fortune antique et médiévale*, (eds.) Christophe Grellard et Pierre-Marie Morel, Paris, Publications de la Sorbonne, 2010.

prédomine néanmoins sur le plan ontologique, deux pôles se dessinent alors dans l'ordre épistémologique, celui de l'âme et celui du corps.

D'autres témoins de la réception latine des *libri naturales* d'Aristote dans la période qui conduit aux statuts de Paris de 1255 manifestent la reconfiguration épistémologique qui replie la psychologie sur l'anthropologie en la démarquant de la biologie. Adam de Buckfield, commentateur anglais actif dans les années 1240, dresse une arborescence bien porphyrienne où la conception néoplatonicienne de l'univers comme un ordre hiérarchique se voit transposée à l'ordonnancement des sciences et de leurs objets.

Subiectum philosophiae naturalis = Corpus mobile

- simpliciter	Physica
- contractum	
ad ingenerabile et incorruptibile	De caelo
ad generabile et corruptibile	
<compositum in communi>	De generatione
compositum ex vapore…	Meteora
animatum	
secundum se et de partibus eius	De anima
de proprietatibus	(Parva naturalia)
de instrumentis sensuum	De sensu
de passionibus	
a parte animae	De memoria
a parte corporis	De somno
omnis viventis	De longitudine

Selon Adam, l'objet de la philosophie naturelle, pour ainsi dire son *genus generalissimus*, est le corps mobile que la *Physique* traite en tant que tel (*simpliciter*). Le corps mobile peut se manifester dans une substance incorruptible – et il est alors l'objet du *De caelo* – ou bien dans une substance générable et corruptible – et il constitue ainsi l'objet du *De generatione* et des *Meteora*. Dans la subdivision suivante, le corps corruptible peut être étudié en tant que corps animé, et de ce point de vue il est l'objet de diverses sciences ordonnées hiérarchiquement, à savoir : le *De anima*, qui s'occupe du corps animé en tant que tel, et les *Parva naturalia* (*De sensu, De memoria, De somno*, etc.), qui considèrent ses propriétés sensibles[28].

Plus intéressant pour notre propos est le commentaire qu'Adam de Buckfield réserve au *De anima* :

> « bien que l'âme ne soit pas incluse dans [la catégorie du] corps mobile, qui est classé sous la philosophie naturelle comme un de ses sujets, et pour cette raison, il semblerait que l'étude de l'âme n'appartient pas à la philosophie naturelle [*ad naturalem*], elle est une partie essentielle du corps mobile animé, et c'est pourquoi la science de l'âme fait partie de la philosophie naturelle[29]. »

L'obscurité du passage est non seulement un commentaire éloquent du caractère ambivalent du *De anima* dans la classification des savoirs ; il est aussi un aveu des difficultés suscitées par l'étude de l'âme comme une composante de l'ordre naturel. Il suffit d'un pas pour projeter le *De anima* dans la constellation des sciences spéculatives affranchies de l'empirisme biologique.

Autour des mêmes années, l'anonyme *Philosophica disciplina* (vers 1245) fraie le chemin dans ce sens. L'auteur de cette introduction à la philosophie présente une division analogue de la philosophie naturelle qui conçoit le corps animé comme l'objet générique des sciences naturelles, distinguées selon que l'on considère l'âme ou le corps qu'elle anime. En ce qui concerne la première, et comme ses devanciers, l'auteur apparente le *De anima* à certains opuscules biologiques aristo-

---

[28] de Buckfield, A. *Commentarium in Aristotelis De anima*, cité par Lohr, C. dans « The new Aristotle », p. 255.

[29] de Buckfield, A. *Commentarium in Aristotelis De anima*. In : De anima : Bonorum <et> honorabilium – In hoc libro est intentio de anima. Circa quod in principio est sciendum quod anima, quamvis non sit contenta sub corpore mobili, quod est subiectum in naturali philosophia tamquam pars eius subiectiva. Et propter hoc posset videri quod consideratio de anima non pertineat ad naturalem et pars essentialis corporis mobilis animati propter quod scientia de anima est pars philosophiae naturalis… ». Cité par Lohr , C. dans « The new Aristotle », p. 255-256.

téliciens comme *De sensu et sensato*, qui traitent des phénomènes physiologiques impliquant l'âme et le corps. Mais alors que le *De anima* considère les instruments et les opérations de l'âme en tant que puissances perfectionnant le corps, le *De sensu et sensato* étudie ces instruments (les sens) « en eux-mêmes absolument parlant ». Cette dernière clause adverbiale sert à délimiter les contours de la philosophie naturelle par rapport aux sciences abstraites :

> « Et je dis « [ces instruments] en eux-mêmes » absolument parlant, car l'étude de l'âme en tant que telle [*absolute*] n'est pas l'affaire des philosophes naturels mais plutôt des métaphysiciens, dont la tâche est de considérer les substances spirituelles séparées [de la matière]. Le *De sensu et sensato* ne s'intéresse pas non plus aux objets d'ordre intellectif ou végétatif. Les premiers concernent l'universel, à propos duquel le métaphysicien doit considérer s'il s'agit d'une substance ou d'un accident (...) Quant aux objets d'ordre végétatif, il [le *De sensu et sensato*] n'a pas à s'en occuper séparément du *De anima* ou du *De vegetabilibus* (...) car il s'agit d'une étude de moindre envergure [*innobilius*] qui ne nécessite pas autant de recherches[30]. »

Le *De anima* est donc pour ainsi dire à mi-chemin entre la métaphysique qui étudie l'âme séparée du corps et les sciences naturelles qui considèrent les phénomènes survenant dans un corps animé. Plus révélateur encore est ce qu'on nous dit à propos des sciences « du corporel ». Selon la classification proposée, le *De plantis* étudie le corps animé par l'âme végétative, le *De animalibus* s'intéresse au corps informé par l'âme sensitive, enfin

---

[30] *Philosophica disciplina* (vers 1245), Lafleur, C. (ed.) *Quatre introductions à la Philosophie*, p. 263-264 : « Et dico "de ipsis" absolute, quia de anima absolute determinare in quantum est aliquid in se non est naturelis philosophi, set potius metafisici, cuius est considerare substantias spirituales separatas. Nec etiam determinatur in libro illo de obiecto intellective nec vegetative. Intellective non, cum eius obiectum sit universale, de quo ad metaphisicum pertinet determinare an sit substantia vel accidens, cum consideret ens absolute et proprietates entis... ; nec de instrumento, cum non habeat instrumentum. De obiecto autem vegetative non habet determinare separate a libro *De anima* et *De vegetabilibus*... et hoc cum sit innobilius nec tanta egeat perscrutatione ».

la médecine considère le corps animé par l'âme intellective, « même si – poursuit l'auteur – le *De animalibus* pourrait convenir, car il traite aussi en grande partie du corps humain en raison de la conformité existante dans leur organisation entre le corps informé par l'âme sensitive et le corps informé par l'âme intellective ». Analogie dans l'ordre de la corporéité, équivocité dans l'ordre spirituel : par un seul et même mouvement, on jette les bases d'une justification théorique de l'expérimentation animale, et on limite ses enjeux au plan strictement biologique en raison de l'hétérogénéité des principes de vie sensitif et intellectif[31].

Dans ses *Sentencia libri* De anima (1266/67), Thomas d'Aquin finit par cristalliser en césure ce qui était encore tension chez ses devanciers. Comme commentaire aux propos liminaires du Livre I du *De anima*, Thomas explique que le degré de dignité d'une science relève de la qualité de son raisonnement et de son objet. Or, la science de l'âme l'emporte sur les deux points. Elle est la plus certaine, « car n'importe qui expérimente cela en lui-même, qu'il a une âme, et que son âme le tient en vie » ; elle porte aussi sur un objet plus noble, « car l'âme est ce qu'il y a de plus noble parmi les créatures inférieures »[32]. Pour la même raison, la science de l'âme est aussi la plus utile :

> « la connaissance de l'âme semble bien profiter beaucoup à toute vérité transmise dans les autres sciences. En effet, elle donne des occasions remarquables à toutes les parties de la philosophie. Parce que, si nous portons attention à la philosophie première, nous ne pouvons accéder à la connaissance des causes divines et les plus hautes sans passer par ce que nous comprenons en premier à l'examen de la faculté d'intellect. Car si la nature de l'intellect possible nous demeurait ignorée, nous ne pourrions connaître

[31] Dans *Par-delà nature et culture*, Paris, Gallimard, 2005, Philippe Descola qualifie de « naturaliste » cette façon de regrouper l'homme et la nature : humains et non-humains sont rattachés par les continuités matérielles tout en restant séparés par l'aptitude culturelle (p. 241-279).

[32] Thomas d'Aquin, *Sentencia libri* De anima, I, lect. 1, n. 4-6.

l'ordre des substances séparées, comme le dit le Commentateur, à propos de *Métaphysique*, XI[33]. »

Situé au sommet des facultés de l'âme, l'intellect sert de trait d'union entre l'ordre inférieur des créatures corporelles et la sphère des réalités spirituelles. Science médiane, la *scientia de anima* tirera sa dignité et, finalement, sa spécificité épistémologique, de la partie la plus noble de son objet, l'intellect. Le fait que Thomas cite en appui le commentaire d'Averroès n'est pas anodin. Le présupposé épistémologique de base consiste à dire que la science porte sur ce qui est universel et immobile. Comme le corps animé est, au contraire, singulier et instable (en ce qu'il est sujet au mouvement et à la matérialité), il échappe aux critères de scientificité[34]. Adopté majoritairement par le christianisme médiéval, ce modèle de science

---

[33] Thomas d'Aquin, *Sentencia libri* De anima, I, lect. 1, n. 7 : « dicens, quod cognitio de anima videtur multum proficere ad omnem veritatem, quae traditur in aliis scientiis. Ad omnes enim partes philosophiae insignes dat occasiones. Quia si ad philosophiam primam attendamus, non possumus devenire in cognitionem divinarum et altissimarum causarum, nisi per ea quae ex virtute intellectus possibilis acquirimus. Si enim natura intellectus possibilis esset nobis ignota, non possemus scire ordinem substantiarum separatarum, sicut dicit Commentator super undecimo metaphysicae ».

[34] Voir Averroes, *Commentarium magnum in Aristotelis De anima libros*, éd. F.S. Crawford, Cambridge MA, 1953, 3 : « Artes enim non differunt abinvicem nisi altero horum duorum modorum, scilicet aut confirmatione demonstrationis aut nobilitate subiecti aut utroque. Verbi gratia, quoniam geometria excedit astrologiam per confirmationem demonstrationis, astrologia autem excedit illam nobilitate subiecti... ». Voir aussi Thomas d'Aquin, *In Post. Analyt.*, lib. 1, lect. 44, n. 3 : « Scientia importat certitudinem cognitionis per demonstrationem acquisitam » ; Petrus Hispanus, *Sententia cum quaestionibus libri De anima*, praeamb. probl. 1, q. 1, éd. Alonso II, 59f : « Utrum sit scientia de anima et quae est necessitas scientiae de anima ? Et videtur quod scientia de anima sit necessaria sic. Omnis substantia spiritualis, cuius obiecta, operationes et virtutes maxime afferunt cognitionem, maxime cadit in scientiam. Sed anima est huiusmodi. Ergo... » ; Id., *Sententia*, praeamb. probl. 1 q. 1 arg. 2, ed. Alonso II 60f : « Omnis substantia, cuius notitia excellit alias quantum ad nobilitatem subiecti et certitudinem cognitionis, maxime cadit in scientiam... Anima est huiusmodi. Igitur... ». L'interprétation néoplatonicienne de *De anima* III conforte cet enseignement : dans le cas des réalités immatérielles, il y a identité de la science et de son objet. Voir à ce sujet Hoffmann, Ph. (2014) Interprétations néoplatoniciennes du *De anima* ». In : *Studia graeco-arabica*, n° 4, p. 289-300.

contribua à dévaluer la sphère du sensible par rapport à l'ordre spirituel, réservé à l'homme[35].

[35] Voir aussi ps.-Pierre d'Espagne, *Expositio librorum De anima*, ca. 1240, éd. Alonso, III, 326f ; *Sententia sum quaestionibus libri De anima* (anonyme *c.* 1246/7), ms Roma, BN VE 828, fol. 20r-52r ; Admont, *Qauestiones in libros de anima*, ca. 1260, ms Oxford Merton 272, fol. 245r. Cité par Lohr, C. « The new Aristotle », p. 259-260. À ce sujet, voir Bianchi, L. (1992) Filosofi, uomini e bruti. Note per la storia di un'antropologia "averroista". In : *Rinascimento*, n° 32, p. 185-201 ; König-Pralong, C. (2011) Animal équivoque. De Lincoln à Paris via Cologne. In : Atucha, I., Calma, D., König-Pralong C., Zavattero I. (dir.) (2011) *Mots médiévaux offerts à Ruedi Imbach*, Turnhout, Brepols, p. 67-76, ici p. 76. Sur la scission de la *scientia de animma*, voir Sander de Boer, « Methodological Considerations in the Later Medieval *Scientia de Anima* », p. 167-177, qui cite aussi à l'appui les solutions de Jean Buridan et Nicole Oresme.

Chapitre II

Anthropomorphisme et anthropocentrisme dans les textes bibliques : analyse critique d'un corpus scripturaire de référence pour les traditions judéo-chrétiennes

Frédéric Rognon

La Bible est souvent considérée comme un corpus de teneur vigoureusement anthropomorphique et d'orientation foncièrement anthropocentriste. Nous chercherons ici à montrer que la réalité est beaucoup plus nuancée. Nous le ferons tout d'abord en pointant la diversité des textes bibliques et de leurs théologies, et dans un deuxième temps en évoquant la pluralité des traditions d'interprétation. Nous nous efforcerons ainsi de pratiquer une relecture du corpus scripturaire et une approche herméneutique qui se déprennent toutes deux de tout prisme réducteur.

D'une part, donc, les énoncés bibliques sont divers. Celui qui correspond le mieux à l'idéal anthropomorphique et anthropocentriste est à l'évidence le Psaume 8. Ce dernier attribue à l'homme un statut éminemment privilégié : l'homme est au sommet de la pyramide de la Création, et dispose du mandat divin de dominer l'ensemble. Le psalmiste s'adresse ainsi à Dieu en ces termes :

> « Qu'est-ce que l'homme, pour que tu te souviennes de lui ? Et le fils de l'homme, pour que tu prennes garde à lui ? Tu l'as fait de peu inférieur à Dieu, et tu l'as couronné de gloire et de magnificence. Tu lui as donné la domination sur les œuvres de tes mains, tu as tout mis sous ses pieds, les brebis comme les bœufs, et les animaux des

champs, les oiseaux du ciel et les poissons de la mer, tout ce qui parcourt les sentiers des mers[1]. »

Ce texte fait bien entendu écho au second récit de la Création (le récit sacerdotal du premier chapitre de la Genèse), mais on aurait tort de les associer trop étroitement : l'anthropocentrisme de Genèse 1 va se voir en effet en partie tempéré.

Ce récit sacerdotal[2], rédigé au VIe siècle durant l'Exil, dans un style liturgique bien marqué, répond nettement à une intention polémique à l'encontre des religions avoisinantes. Les astres et les animaux ne sont que des créatures, ils sont profanés en quelque sorte, et l'homme (c'est-à-dire tout homme, et non le seul roi comme à Babylone) est « image de Dieu » : la représentation de Dieu sur terre se trouve démocratisée et universalisée. Un clivage est instauré entre les poissons et les oiseaux d'une part, créatures du cinquième jour, et les animaux terrestres d'autre part, créatures du sixième jour à l'instar de l'homme. Si l'être humain est le couronnement de la Création, puisqu'il apparaît en dernier, il partage avec les animaux terrestres la même date de naissance, et tous les animaux sont appelés נפש חיה, « êtres vivants »[3] parce qu'ils ont en eux un נפש חיה, une « âme vivante »[4]. Ce texte marque donc bien l'identité ontologique de l'homme et de l'animal. Animaux[5] et hommes[6] reçoivent d'ailleurs une bénédiction de Dieu, qui voit, au cinquième jour, que ce qu'il a fait est « bon »[7], et au sixième jour que c'est « très bon »[8]. Enfin – détail souvent négligé –, Dieu donne à l'homme et aux animaux la même nourriture : une alimentation végétalienne[9], qui prévient toute relation d'hostilité entre eux, entre hommes et animaux comme au sein même du règne animal.

---

[1] Psaume 8, 5-9.
[2] Cf. Genèse 1, 1 – 2, 4a.
[3] Genèse 1, 20+ 24.
[4] Genèse 1, 30.
[5] Cf. Genèse 1, 22.
[6] Cf. Genèse 1, 28.
[7] Genèse 1, 21.
[8] Genèse 1, 31.
[9] Cf. Genèse 1, 30-31.

La singularité absolue de l'homme à l'égard des animaux tient donc à son statut d'« Imago Dei »[10] et à l'ordre divin qui lui est donné de « Dominium terrae »[11]. Ces deux caractères ne peuvent pas ne pas être liés. Le verbe רדה (« dominer ») signifie aussi bien « tyranniser », « piétiner », que « prendre soin », selon le contexte. Or, situé précisément entre le verset 27 (celui de l'« Imago Dei ») et le verset 29 (celui du végétalisme), le « Dominium terrae » peut difficilement signifier un despotisme sans bornes, une exploitation et un pillage : l'homme est représentant de Dieu sur terre, il doit donc se comporter envers la Création comme Dieu lui-même, prendre soin des créatures, pourvoir à leurs besoins, avec amour et justice. Dieu intervient dans sa Création par sa Parole, qui laisse l'autre libre de ses décisions : c'est ainsi que l'homme doit « dominer », par sa parole qui prolonge la Parole de Dieu. Sa mission n'inclut d'ailleurs pas le droit de vie et de mort, puisqu'il est végétalien ! Ce n'est qu'après le Déluge[12] que le régime carné lui sera octroyé.

Au sujet de ce Déluge, il faut tout d'abord remarquer que la solidarité entre homme et animal se manifeste jusque dans la punition divine : Dieu extermine l'homme et les animaux car il se repent de les avoir faits[13]. Tous sont engloutis par le Déluge (seuls les poissons peut-être en sont bénéficiaires !!! Ils ne sont d'ailleurs pas nommés dans le catalogue des espèces à détruire[14]). Mais Dieu épargne Noé et sa famille, ainsi qu'un couple de chaque espèce. C'est d'ailleurs un animal qui annonce la fin du Déluge : l'histoire du Salut de l'homme ne se conçoit qu'accompagnée des animaux. Si l'on compare le récit de re-Création après le Déluge[15] avec le second récit de Création[16], on passe d'un vocabulaire d'amour et de respect à un vocabulaire militaire : Adam et Noé sont appelés à dominer, mais pas de la même façon, ni dans les mêmes conditions, ni avec la même signification. Adam domine par la parole : il se situe dans l'ordre

---

[10] Genèse 1, 27.
[11] Genèse 1, 28.
[12] Cf. Genèse 6-9 (voir notamment Genèse 9, 3-4).
[13] Cf. Genèse 6, 7.
[14] *Ibid.*
[15] Cf. Genèse 9, 1-4.
[16] Cf. Genèse 1, 28-29.

de la Création et de la liberté. Noé domine avec ses mains : il se situe dans l'ordre de la Chute et de la nécessité. La nourriture carnée lui est accordée, non pas selon l'intention divine, mais par une permission de Dieu, selon la nécessité de vivre, et cette autorisation n'est pas réciproque. Une clause restrictive est apposée à cette permission de manger de la viande : le tabou du sang. Lorsque l'homme tue un animal, il doit savoir qu'il touche à un être qui appartient à Dieu, il doit donc s'abstenir de sang (דם), identifié à l'âme ou à la vie (נפש)[17]. Le sang animal n'est pas à consommer, et le sang humain n'est pas à verser. Sur cette base, Dieu établit son alliance avec tous les êtres vivants, y compris les animaux[18]. Ainsi, même le récit du Déluge n'atteint pas à l'expression de domination effrénée déployée par le Psaume 8 (qui parlait d'une Création mise « sous les pieds de l'homme »), et c'est encore moins le cas du récit sacerdotal de Création.

Le premier récit de Création (premier dans l'ordre chronologique de rédaction, donc le plus ancien, mais second dans l'ordre canonique d'exposition des textes bibliques) est le récit yahviste[19], rédigé au IXe siècle sous le règne de Salomon. Il cherche avant tout à rendre compte de la condition humaine. Il s'agit donc d'un texte étiologique, qui répond à certaines questions fondamentales, dont celle de l'origine de l'hostilité entre l'homme et l'animal. À la différence des mythes mésopotamiens, la Création de l'homme n'est pas un accident de parcours, mais une intention de Dieu qui n'a pas de compagne au ciel : il fait de l'homme un partenaire, un vis-à-vis sur terre, avec qui il dialogue, et à qui il donne la liberté et la responsabilité de ses actes. Il peut choisir d'en répondre ou de ne pas en répondre. Si le statut de l'homme est original par rapport aux religions voisines, il est logique que celui de l'animal le soit aussi. Les animaux ne sont que des créatures et non des divinités comme en Égypte : l'intention est donc ici aussi nettement polémique et identitaire. Or il n'est pas bon que l'homme soit seul[20]. C'est pourquoi Dieu crée les animaux et les fait venir vers l'homme pour qu'il les nomme[21]. Nommer,

---

[17] Cf. Genèse 9, 4.
[18] Cf. Genèse 9, 8-17.
[19] Cf. Genèse 2, 4b – 3, 24.
[20] Cf. Genèse 2, 18.
[21] Cf. Genèse 2, 19.

c'est permettre d'exister, et c'est présenter à Dieu : l'homme joue ici un rôle décisif comme lieutenant de Dieu auprès des animaux. Mais il ne trouve pas parmi eux une aide semblable à lui. C'est pourquoi Dieu crée la femme, que l'homme accueille avec une explosion de joie : « os de mes os et chair de ma chair »[22]. La Création des animaux peut donc sembler être une Création ratée, corrigée par la Création de la femme. Mais si la communauté de l'homme et des animaux est effectivement dépassée par le couple homme-femme dans lequel l'être humain trouve son épanouissement ultime, elle n'en est pas dévalorisée pour autant. En effet, l'homme et l'animal sont tous deux créés à partir de la terre (אדמה apparentée à אדם)[23], et lorsque Dieu souffle dans les narines de l'homme un « souffle de vie » (נשמת חיים)[24], l'homme devient un « être vivant » (נפש חיה)[25], même expression qui désigne les animaux des champs et les oiseaux du ciel[26], dénominateur commun des hommes et des animaux. Le récit yahviste nous indique donc lui aussi qu'il n'y a pas de différence ontologique entre l'homme et l'animal, qu'ils sont tous deux des נפש חיה formés à partir de la אדמה. Nous relevons là à la fois une parenté très nette entre eux, et une altérité puisque l'homme refuse de reconnaître son pendant parmi les animaux. Le récit de la Chute, qui suit immédiatement celui de la Création, montre la complicité de l'homme, de la femme et de l'animal (représenté par le serpent) dans la désobéissance à Dieu, et leur solidarité dans le dérèglement de la Création : de cette complicité découle l'hostilité entre le serpent et la femme[27]. Mais le récit yahviste nous présente surtout une éthique de responsabilité de l'être humain à l'égard du vivant, puisque l'homme est placé dans le jardin pour le « garder »[28] ; or, le verbe traduit par « garder » (שמר) est le même qui est employé pour lui demander de « garder les commandements de Dieu » : ici, sans aucune ambiguïté, l'homme a reçu mission de prendre soin de la Création.

---

[22] Genèse 2, 23.
[23] Cf. Genèse 2, 7 / Genèse 2, 19.
[24] Genèse 2, 7.
[25] *Ibid.*
[26] Cf. Genèse 2, 19.
[27] Cf. Genèse 3, 14-15.
[28] Genèse 2, 15.

Franchissons un pas de plus pour nous éloigner résolument du pôle anthropocentrique. La tradition sapientiale fait parfois preuve d'un profond pessimisme, en signalant la fragilité de l'homme, la brièveté de ses jours, son impureté, et même, chez l'Ecclésiaste, en l'assimilant aux bêtes :

> « Les fils de l'homme ne sont que des bêtes. Car le sort des fils de l'homme et celui de la bête sont pour eux un même sort ; comme meurt l'un, ainsi meurt l'autre, ils ont tous un même souffle, et la supériorité de l'homme sur la bête est nulle ; car tout est vanité. Tout va dans un même lieu ; tout a été fait de la poussière, et tout retourne à la poussière. Qui sait si le souffle des fils de l'homme monte en haut, et si le souffle de la bête descend en bas dans la terre ?[29] »

Sans aller jusqu'à cette identification qui témoigne d'une période antérieure à la foi en la résurrection, le Psaume 104 remet lui aussi en question l'anthropocentrisme : l'homme n'est qu'une créature parmi d'autres, il dispose du jour pour travailler comme les animaux disposent de la nuit pour chasser :

> « Le soleil sait quand il doit se coucher. Tu amènes les ténèbres, et il est nuit : alors tous les animaux des forêts sont en mouvement ; les lionceaux rugissent après la proie, et demandent à Dieu leur nourriture. Le soleil se lève : ils se retirent, et se couchent dans leur tanière. L'homme sort pour se rendre à son ouvrage, et à son travail, jusqu'au soir[30]. »

Il n'est plus question ici de domination, mais de coexistence, ou plus exactement d'alternance spatio-temporelle entre les hommes et les animaux.

Le pôle le plus lointain à l'égard de l'anthropocentrisme, celui qui se situe à l'autre extrémité du spectre, peut être discerné dans les derniers chapitres du livre de Job[31]. L'intention théologique est tout à fait spécifique. Alors que Job, ravagé par la ruine, le

---

[29] Qohélèt 3, 18-21.
[30] Psaume 104, 19-23.
[31] Cf. Job 38-41.

deuil et la maladie, clame son innocence et dénonce le silence de Dieu depuis trente-cinq chapitres, la réponse de Dieu relativise la prétention de l'homme sur un mode plus radical encore que les autres textes sapientiaux : les mystères de l'univers échappent à l'homme, les animaux ne sont pas tous à son service, certains ne sont là que par pure gratuité ou par jeu, et Dieu a autant de raisons de s'occuper de la grande nature sauvage que de ses petites misères domestiques. Il polémique sarcastiquement avec lui : « Où étais-tu quand je fondais la terre ? »[32] Et pour ouvrir ses horizons sur l'immensité de l'univers, il lui décrit en détail l'ensemble de ses créatures sans même mentionner l'homme : nous avons affaire à quatre chapitres de traité zoologique, de classification des espèces, dans une Création foisonnante dont l'homme est rigoureusement absent. Manifestement, pour inciter l'homme souffrant à davantage d'humilité dans sa plainte, ce texte sous-entend que la Création pourrait très bien se déployer et se poursuivre sans lui.

Dans le Nouveau Testament, l'anthropocentrisme réapparaît sous une forme assez subtile. La sollicitude de Dieu envers les animaux est également mentionnée, puisqu'il nourrit les oiseaux du ciel[33] et les corbeaux[34], qui ne sèment ni ne moissonnent, et qui se trouvent associés aux lis des champs[35]. Mais il s'agit d'un argument *a fortiori* : les oiseaux ne sont convoqués que pour parler des hommes qui comptent infiniment plus, et de la Providence qui les concerne au premier chef et qui doit les prévenir de tout souci et de toute inquiétude. Un autre argument *a fortiori* est avancé au sujet des passereaux ou des moineaux : il n'en tombe pas un à terre « sans votre Père » (ἄνευ τοῦ πατρός υμῶν)[36], c'est-à-dire sans sa présence. Cette traduction littérale (dans les versions Darby et Chouraqui) laisse penser que Dieu ne les abandonne pas au moment de leur mort, tandis que d'autres versions induisent plus ou moins explicitement que c'est Dieu qui les fait mourir : « sans la volonté de votre Père » (version Segond), « sans (la volonté) de votre Père » (version de la Colombe), ou

[32] Job 38, 4.
[33] Cf. Matthieu 6, 26.
[34] Cf. Luc 12, 24.
[35] Cf. Matthieu 6, 28-30 ; Luc 12, 27-28.
[36] Matthieu 10, 29.

qui du moins le sait et le permet : « indépendamment de votre Père » (selon la NBS – Nouvelle Bible Segond, et la TOB – Traduction Œcuménique de la Bible), « à l'insu de votre Père » (version de la Bible de Jérusalem), « sans qu'il le sache » (version en Français courant), « c'est votre Père qui permet cela » (version en Français fondamental). Le texte parallèle confirme l'interprétation d'une sollicitude : « Pas un passereau n'est oublié devant Dieu »[37]. Mais dans un cas comme dans l'autre, l'exemple des moineaux est avancé pour affirmer la Providence de Dieu au bénéfice de l'homme : « Ne vend-on pas deux passereaux pour un sou ? »[38], « Ne craignez donc point : vous valez plus que beaucoup de passereaux »[39].

Enfin, le destin des animaux peut être compris comme associé à celui des hommes dans une même rédemption. Le texte le plus étudié à ce sujet est le chapitre 8 de l'épître de Paul aux Romains :

> « J'estime que les souffrances du temps présent ne sauraient être comparées à la gloire à venir qui sera révélée pour nous. Aussi la Création attend-elle avec un ardent désir la révélation des fils de Dieu. Car la Création a été soumise à la vanité – non pas de son gré, mais à cause de celui qui l'y a soumise – avec l'espérance qu'elle aussi sera affranchie de la servitude de la corruption, pour avoir part à la liberté de la gloire des enfants de Dieu. Or, nous savons que, jusqu'à ce jour, la Création tout entière soupire et souffre les douleurs de l'enfantement. Et ce n'est pas elle seulement ; mais nous aussi, qui avons les prémices de l'Esprit, nous aussi nous soupirons en nous-mêmes, en attendant l'adoption, la rédemption de notre corps[40]. »

La Création (κτίσις), nommée quatre fois, déborde ainsi l'humanité, et espère être affranchie de la servitude de la corruption, en conséquence de la rédemption des hommes. Le monde

---

[37] Luc 12, 6.
[38] Matthieu 10, 29 ; Luc 12, 6.
[39] Matthieu 10, 31 ; Luc 12, 7.
[40] Romains 8, 18-23.

animal semble donc être associé au Salut final. D'autres textes évoquent la dimension cosmique du Salut : selon Marc[41] et Paul[42], l'Évangile doit être annoncé à « toute la Création » (πάση τη κτίσει), et non seulement aux « nations » comme le disent Matthieu[43] et Luc[44]. Y a- t- il donc une promesse de rédemption pour les animaux ? Si, dans l'Ancien Testament, certains écrits de Sagesse marquent la solidarité de sort entre l'homme et l'animal[45], dans le Nouveau Testament, Paul se présente comme l'apôtre de la Création tout entière, appelée à la réconciliation avec Christ[46]. L'Apocalypse mentionne souvent les animaux, parfois[47], sans mention explicite de l'homme. S'agit-il d'un écho aux chapitres 38 à 41 du livre de Job ? Nous répondrons à cette question dans un instant.

Retenons pour le moment que la pluralité des textes bibliques ne peut donc se réduire à une vision étroitement anthropocentrique.

Si l'on examine à présent les traditions d'interprétation de ces textes, on constate qu'elles se déclinent sur un mode aussi foisonnant. Jusqu'à la Renaissance, la teneur générale de l'herméneutique biblique est globalement celle d'un anthropocentrisme modéré : il ne s'agit pas de justifier un dénigrement échevelé envers les créatures non-humaines, mais de considérer que l'orientation de l'ensemble du corpus scripturaire concerne la seule humanité. La méthode d'interprétation majoritaire est celle du principe paulinien de « l'analogie de la foi » (η αναλογία της πιςτεως)[48], qui consiste à laisser l'Écriture s'interpréter elle-même, c'est-à-dire à mettre les textes mineurs sous la dépendance des textes considérés comme majeurs. Il convient donc de définir un « canon dans le canon », qui déterminera la cohérence globale de la Bible. Pour beaucoup de théologiens, il s'agit du verset suivant : « Dieu a tant aimé le monde, qu'il a donné son fils unique, afin que

---

[41] Cf. Marc 16, 15.
[42] Cf. Colossiens 1, 23.
[43] Cf. Matthieu 28, 19.
[44] Cf. Luc 24, 47.
[45] Cf. Qohélèt 3, 18-22 ; Psaume 36, 7.
[46] Cf. 1 Corinthiens 15, 28 ; Éphésiens 1, 9-10 ; Colossiens 1, 15-20.
[47] Cf. Apocalypse 5, 13-14.
[48] Romains 12, 6b.

quiconque croit (πας ο πιστεύων) en lui ne périsse point, mais qu'il ait la vie éternelle »[49]. Et celui qui « croit » en Dieu ne peut être conçu que comme un être humain. C'est ainsi que Jean Calvin, qui fait de l'analogie de la foi la règle de lecture par excellence, interprète le chapitre 8 de l'épître aux Romains : il y voit bien une espérance de résurrection pour tous les éléments de la Création, y compris les créatures muettes, mais sous forme de prosopopée (cette figure de rhétorique qui consiste à attribuer des sentiments et des comportements humains à des êtres non-humains), et ce afin de nous faire honte de notre stupidité[50]. Ainsi l'anthropomorphisme du discours est-il au service de l'anthropocentrisme de l'intention.

Mais à partir de l'époque moderne, on relève une prolifération des traditions d'interprétation, et cette pluralité favorise autant les lectures résolument spécistes que celles qui prennent en compte l'altérité animale comme source de bénédiction. La tradition cartésienne, qui culmine avec Malebranche, tend à réifier l'animal en le réduisant à une mécanique au service de l'homme, pour satisfaire ses besoins alimentaires, vestimentaires ou de distraction. Ce réductionnisme va de pair avec le déferlement technologique, qui se voit parfois cautionné par référence à l'Écriture. C'est le cas emblématique de Neil Amstrong récitant Genèse 1 en posant le premier pied sur la lune, le 21 juillet 1969[51].

À l'autre extrémité du spectre, notons l'appel lancé à l'homme par Jacques Ellul en faveur d'une éthique de la non-puissance : le théologien de Bordeaux déploie en effet le motif du « roi déchu » qui n'a pas su honorer sa vocation. Il se réfère pour cela à la troisième doxologie de l'Apocalypse[52], dont est extrait le passage suivant :

---

[49] Jean 3, 16.

[50] Cf. *Commentaire de Jehan Calvin sur le Nouveau Testament. Tome troisième : Sur les épîtres de S. Paul aux Romains, Corinthiens, Galatiens et Éphésiens*, Paris, Librairie de Ch. Meyrueis et Compagnie, 1855, p. 140-142.

[51] Cf. Keel, O. (1978-1993) *Dieu répond à Job. Une interprétation de Job 38-41 à la lumière de l'iconographie du Proche-Orient ancien* (1978), Traduit de l'allemand par François Smyth, Paris, Les Éditions du Cerf (Lectio Divina – Commentaires 2), p. 133-134.

[52] Cf. Apocalypse 5, 8-14.

« Et toute créature au ciel, sur terre, sous terre et sur mer, tous les êtres qui s'y trouvent, je les entendis proclamer : "À celui qui siège sur le trône et à l'agneau, louange, honneur, gloire et pouvoir pour les siècles des siècles !" Et les quatre animaux disaient : "Amen !"[53] »

Jacques Ellul commente ce passage en ces termes :

« Certains disent que l'homme n'y est pas mentionné, que "la nature devance l'homme dans l'adoration, en ce sens qu'elle reconnaît et loue l'Agneau déjà". Il me semble que la mention de toutes les créatures indique au contraire manifestement que l'homme y est compris. Mais sans être différent. Il n'est pas ici la créature d'élection : le Salut acquis par Jésus-Christ s'adresse à toutes les créatures et pas seulement à l'homme qui se prend pour roi. Et je crois même, au contraire, que du fait de son attitude envers la création, de son abus, de son exploitation impitoyable des choses et des animaux, il n'est plus le roi de la création devant Dieu ; dans son histoire il n'accomplit nullement ce qui était annoncé dans Genèse II et le Psaume VIII. Il est un roi déchu, ramené au niveau des autres créatures, et sa louange adressée à Dieu n'est pas plus que celle du dernier être vivant[54]. »

L'homme est donc appelé à renoncer à toute domination pour entrer, à l'image du Christ, dans une éthique de la non-puissance[55]. Paradoxalement, l'anthropomorphisme en vigueur dans les premiers textes de l'Ancien Testament se trouve ici récusé, et même, pourrait-on dire, inversé, converti en zoomorphisme, puisque le discours sur l'homme se conforme au discours sur l'animal, hyperbole de la véritable louange, dont la louange humaine ne serait qu'une pâle copie. On comprend que le principe herméneutique de l'analogie de la foi s'applique bien ici aussi, mais en fonction d'un autre « canon dans le canon ».

---

[53] Apocalypse 5, 13-14a.

[54] Ellul, J. (1975/2008) *L'Apocalypse. Architecture en mouvement*, Genève, Labor et Fides (Essais bibliques n°4, 2008), Genève, p. 293.

[55] Cf. *ibid.*, p. 297.

En conclusion, une relecture attentive du corpus biblique et un parcours plus rapide à travers l'histoire des traditions d'interprétations nous invitent à la prudence, et à la prise en compte de la complexité des combinatoires possibles : il est bien entendu des énoncés anthropomorphes, anthropocentristes et spécistes, mais il est aussi des anthropocentrismes non spécistes, des énoncés non-anthropocentristes à force d'être théocentriques (sans jamais, par conséquent, devenir géocentriques), et même, enfin, des anthropomorphismes inversés, lorsque l'homme, de façon tout à fait inédite et inattendue, prend modèle sur l'animal.

Chapitre III

Darwin moraliste[1]

Pierre Jouventin

Philosophe malgré lui

Darwin a révolutionné la biologie, mais aussi la philosophie, en donnant une solution naturelle au problème jusqu'alors insoluble de la Création. Il était déjà sensibilisé par son entourage familial aux questions posées par l'origine des espèces, son grand-père Erasmus étant l'auteur célèbre d'un livre sur ce qu'on appelait le transformisme. Désespéré de son peu d'intérêt pour les études de médecine et donc pour lui succéder dans sa carrière brillante, son père lui fit suivre la formation de pasteur et lui acheta une cure pour qu'il puisse donner libre-cours à son goût pour les collections naturalistes comme bien des hommes d'église de cette époque ; mais Darwin ne ressentait pas la vocation pour entrer dans les ordres et préféra, après son tour du monde, se consacrer à la science.

Tout à fait par hasard donc, il avait la formation pour rechercher l'origine des êtres vivants et découvrir les lois de l'évolution qui mettent à mal notre statut de *maîtres du monde*. Ce problème de la Création et de ses conséquences éthiques, de ce que l'on nomme *la téléologie* (le monde a-t-il une finalité ?), l'obsédait non seulement comme scientifique mais comme croyant puis, au retour – après la mort de sa fille qui lui fit perdre la foi et le rendit agnostique – comme être moral. C'est en faisant son tour du monde qu'il constata que des espèces fossiles étaient très proches d'espèces vivantes et qu'il en vint à penser qu'elles avaient évolué en se modifiant au cours du temps. En comparant les faunes des îles Galapagos entre elles et avec celles du continent américain, il comprit que les espèces n'étaient pas fixes, comme il le croyait au départ, mais qu'elles dérivaient les unes des autres.

[1] Cet article sur la morale est un abrégé et une adaptation du livre de Jouventin, P. (2014) *La face cachée de Darwin.* Paris, Libre & Solidaire, 230 p.

L'idée de l'évolution des espèces avait déjà été défendue par bien d'autres auteurs, mais personne n'était parvenu à en expliquer le mécanisme sans faire appel à la volonté divine ou à des mécanismes erronés comme, pour Lamarck, l'hérédité des caractères acquis[2]. C'est en lisant Malthus que Darwin réalisa que les capacités de reproduction des espèces dépassaient très largement le nombre des descendants observés, et donc qu'il existait une sélection naturelle qui triait en permanence les êtres vivants, ne laissant se perpétuer que ceux qui avaient pu s'adapter à leur milieu physique (température pour les espèces terrestres, salinité pour les espèces marines, etc.) et biologique (puisque chaque espèce se trouve en interaction avec les autres vivant en ce lieu).

Or, comme tout bon naturaliste de terrain, il avait remarqué que les individus d'une même espèce sont tous différents : il existe donc une variabilité individuelle des caractères héréditaires sur laquelle peut jouer la sélection en fonction des conditions du milieu. Quand il est mis à l'échelle géologique, ce double mécanisme – de variation puis de tri – est le levier qui permet de soulever le monde du vivant sans faire appel au surnaturel. Il explique la biodiversité par des modifications avantageuses qui s'additionnent pour passer lentement, mais sûrement, d'un unicellulaire à un mammifère par une adaptation de plus en plus fine à l'environnement, et en comblant peu à peu les possibilités de colonisation de la planète.

Darwin était un amateur fortuné qui ne subissait pas les contraintes matérielles des professionnels ; mais il en avait d'autres, liées à son sens des responsabilités et à sa tolérance : il aimait sa pieuse épouse alors qu'il était incroyant… Outre ses états d'âme personnels qui donnent à sa biologie une profondeur philosophique, comme nous allons le voir, il se trouvait confronté à un cruel dilemme, ayant épousé une cousine qui se désolait de ne pouvoir le retrouver après sa mort, dans l'autre monde auquel elle croyait. Pour ne pas la peiner et face aux conséquences religieuses prévisibles de sa théorie, Darwin aurait retardé la publication de son ouvrage majeur sur l'origine des espèces. Il ne le fit

[2] Cette thèse lamarckienne délaissée vient de trouver ces dernières années, dans le cadre du darwinisme, une explication scientifique par *l'épigénétique*, les gènes s'exprimant plus ou moins selon le contexte environnemental.

que contraint par la concurrence de Wallace, autre naturaliste voyageur qui était parvenu aux mêmes conclusions. Certains de ses biographes modernes considèrent que la maladie mystérieuse qui cloîtra Darwin toute sa vie chez lui avait une forte composante psychosomatique, due à ce conflit profond entre ses convictions scientifiques et religieuses, entre son sens de la vérité et de la moralité. Son sentiment de culpabilité était si fort qu'il écrit dans une de ses lettres avoir eu l'impression, en publiant sa théorie de l'évolution, d' « avouer un crime ».

Darwin est donc tout le contraire du savant caricatural sans scrupule, du démiurge qui ne se préoccupe que de sa passion et de la gloire qu'il en retirera. Il était tout à fait conscient de l'importance de sa découverte, mais était épouvanté par le scandale et les drames qu'il allait provoquer involontairement. Contrairement à ce qu'ont écrit ses biographes, ce bourgeois pacifique et discret, mais amoureux de la vérité, savait qu'il allait déclencher une révolution non seulement scientifique, mais religieuse, philosophique et morale.

Pour contrôler cependant les retombées de sa théorie, il publia après son ouvrage majeur un livre sur *La Descendance de l'homme et la sélection sexuelle* (1871) qui appliquait ses découvertes sur l'évolution des espèces à la nôtre. Plus important pour notre propos, il écrivit *L'expression des émotions chez l'homme et les animaux* (1890) qui dépassait l'intuition d'Aristote selon laquelle il existe une continuité entre l'homme et les autres espèces animales en soutenant qu'il n'y a pas une différence de nature mais de degré, y compris dans la morale ! Cet ouvrage pionnier traitait du lien moins évident qui nous lie sur le plan émotionnel et intellectuel aux autres espèces, en particulier aux autres mammifères. Notre parenté, d'après Darwin, est aussi comportementale, y compris des traits comme l'intelligence, la raison, et même l'abstraction, la culture, l'altruisme, l'esprit religieux et artistique, que bien des philosophes et des hommes cultivés considèrent encore un siècle et demi plus tard comme 'le propre de l'homme'…

L'éthologie moderne a démontré[3] que la réalité est à l'opposé de la conception de l' « animal-machine » de Descartes, fondateur de la science moderne et de l'idéologie du progrès infini. Pour lui, si l'animal ne sent pas et ne pense pas puisqu'il ne parle pas, toute exploitation de l'animal est justifiée et le royaume de Dieu nous est réservé. Cette évidence nouvelle que nous sommes parents a été prouvée par la biologie moléculaire et a de plus en plus d'implications dans le respect que nous devons aux autres êtres vivants, en particulier aux chimpanzés avec lesquels la divergence génétique est de l'ordre de 1%. Les universités américaines enseignent d'ailleurs depuis 1970 le droit de l'animal alors qu'il est apparu en France en 2014. À la suite de ce mouvement nord-américain qui a pris en compte les avancées évolutionnistes, la philosophie et l'éthique animale commencent à être mieux connues dans notre pays, où de nombreux livres sont en ce moment publiés sur ce sujet[4]. Alors que la philosophie occidentale ignorait jusqu'à récemment l'animal et tenait peu compte des avancées scientifiques en biologie, l'éthique animale est, dans notre pays, en plein essor[5].

Croyant (ou incroyant) malgré lui

Dès 1647, Blaise Pascal proposait dans *Préface sur le traité du vide* de séparer science et théologie. En deux siècles, cette distinction s'est accrue sous la pression du darwinisme. Pour la plupart, le jumelage entre science et religion n'est plus crédible aujourd'hui, y compris pour les croyants cultivés qui ont admis que la Bible ne pouvait pas être littéralement vraie puisque, par exemple, l'existence des fossiles est, dans ce contexte, inexplicable. Alors que Pie IX avait qualifié Darwin de *doigt du démon*

---

[3] Pour s'en faire une idée, lire les livres grand public de De Waal, F. (2011) *L'âge de l'empathie*. Arles, Actes Sud, 386 p. en particulier et celui de Christen, Y. (2009) *L'animal est-il une personne ?* Paris, Flammarion, 698 p.

[4] En particulier ceux de Jean-Baptiste Jeangéne-Vilmer et Stéphane Afeissa qui publient des traductions et synthèses des auteurs américains.

[5] Lire par exemple Cyrulnik, B. (dir.) (1998) *Si les lions pouvaient parler*. Paris, Gallimard, 1540 p., Fontenay, E. (1998) *Le silence des bêtes*. Paris, Fayard, 784 p., Lestel, D. (2010) *L'animal est l'avenir de l'homme*. Paris, Fayard, 187 p. Pour se faire une idée de l'éthique animale, le livre de Jeangène Vilmer, J-B. (2018) *L'éthique animale*. Collection Que sais-je ? 3e édition, Paris, PUF, 125 p. est remarquable dans sa concision.

et que Pie XII en faisait dans une encyclique la cause du communisme et de l'existentialisme, Jean-Paul II estimait le darwinisme « plus qu'une hypothèse » et compatible avec la foi chrétienne. Dans sa lettre du 22 octobre 1996 à l'Académie pontificale, il reconnaissait la pertinence de l'évolution : « La convergence, nullement provoquée, de résultats de travaux menés indépendamment les uns des autres constitue par elle-même un argument significatif en faveur de cette théorie. » Mais il précisait cependant que ces théories qui « considèrent l'esprit comme émergeant des forces de la matière vivante ou comme un simple épiphénomène de cette matière, sont incompatibles avec la vérité de l'homme », posant ainsi le problème de « l'exception humaine ».

Il est généralement admis depuis Karl Popper qu'il n'est pas possible de confirmer des hypothèses invérifiables comme l'existence de Dieu, puisqu'elles ne sont pas réfutables. À la différence de Paley et Newton, Stephen Jay Gould, paléontologiste et historien des sciences, en a déduit que science et religion ne relèvent pas des mêmes méthodes d'analyse. Pour la plupart des penseurs actuels, on peut tester une hypothèse scientifique si on a des éléments tangibles, mais on ne peut pas plus prouver que Dieu existe que prouver qu'il n'existe pas. La position de Darwin était donc en avance sur son temps : il ne se considérait pas comme un athée (qui risque d'être mis en difficulté s'il ne peut prouver que Dieu n'existe pas) mais plus prudemment comme un agnostique (qui ne cherche pas à prouver la non-existence de Dieu mais qui s'en passe en l'absence de preuve de son existence). Comme répondait l'astronome Laplace à Napoléon qui lui demandait où se trouvait Dieu dans ses calculs, Darwin n'avait plus « besoin de cette hypothèse » puisque la sélection naturelle lui permettait d'expliquer *le mystère des mystères* sans jamais plus faire appel au surnaturel.

Se passer de Dieu et le nier n'est pourtant pas nécessairement aussi éloigné que les modérés, comme Darwin le suppose. Dans *Éthique*, Spinoza se plaignait de ce que « les hommes supposent communément que toutes les choses de la nature agissent, comme eux-mêmes, en vue d'une fin » et il considérait Dieu comme un « asile d'ignorance ». Diderot estimait incompatibles la foi et la raison, quand Freud traitait la religion « d'illusion » destinée à nous protéger de nos angoisses. Ce débat sur les limites de la connaissance rappelle celui entre Haeckel, le professeur libre-penseur scientiste, et le sceptique Émile Henri du Bois-Reymond, fondateur de l'électrophysiologie et inventeur du néologisme *ignorabimus* qui est l'abréviation de la formule latine *Ignoramus et ignorabimus* (nous ne savons pas et nous ne saurons jamais).

Dans le revirement de Darwin à son retour de voyage autour du monde, il n'y a pas seulement un aspect logique et scientifique, mais aussi un engagement social, discret à son habitude. Il l'avouait d'ailleurs dans un de ses Carnets intimes : « Je dois éviter de montrer à quel point je crois au matérialisme. » Jean-Claude Ameisen[6] a collecté ces écrits épars de Darwin qui démontrent, derrière son personnage de savant prudent et neutre, son engagement moral et son interrogation religieuse de départ :

> « Quel livre pourrait écrire un chapelain du diable à propos des réalisations (…) horriblement cruelles de la nature […]. Je ne peux pas voir, aussi banalement que d'autres le font, une évidence de dessein et de bienveillance autour de nous. Il me semble qu'il y a trop de misère dans le monde (…). Un homme innocent et bon se tient sous un arbre et est tué par un éclair. Est-ce que vous croyez (et j'aimerais vraiment l'entendre) que Dieu a tué intentionnellement cet homme ? De nombreuses – voire toutes – les personnes le croient ; je ne peux le croire et ne le crois pas (…). Le doute rampa sur moi à un rythme très lent, mais fut à la fin complet (…). J'ai été amené graduellement à perdre ma foi en (…) une révélation divine. »

Parti avec une Bible dans son voyage sur le *Beagle* et la citant comme une autorité morale indiscutable, ce qui faisait rire de lui les officiers, Darwin a assisté en Patagonie à une purification ethnique avec mise à mort des Indiennes de plus de vingt ans, au Brésil aux tortures et au suicide d'une esclave à nouveau capturée, au Chili à l'exploitation jusqu'à épuisement physique des mineurs, en Argentine à une guerre d'extermination, en Australie

[6] Professeur d'immunologie et auteur de *Dans la lumière et les ombres-Darwin et le bouleversement du monde* (2011) 3e édition, Paris, Fayard, 502 p.

et en Tasmanie à la chasse aux indigènes par les colons, ce qui lui a fait écrire : « Les aborigènes australiens semblent ne plus avoir le droit d'exister dans ce pays ». Ce qui doit être compris dans ce dévoilement de la face cachée de Darwin, c'est que son voyage naturaliste est en même temps un voyage initiatique à l'anthropologie. Si son passage aux Galápagos constitue le point culminant de l'exploration scientifique et a toujours attiré l'attention de ses biographes, l'échec de la tentative de colonisation de la Terre de Feu représente le point d'orgue de l'aventure humaine qui se déroule en parallèle. Pour un esprit aussi vif que celui de notre jeune biologiste, comparer les sauvages fuégiens avec les quatre indigènes christianisés que le Beagle ramenait chez eux a été une révélation. Ces fuégiens habillés en bourgeois londoniens devaient fonder une colonie dans leur pays d'origine, mais ce fut un échec. Le constat du désastre de cette mission civilisatrice a été traumatisant pour tous, y compris Darwin, et encore plus le capitaine Fitzroy qui a rembarqué le pasteur qui les accompagnait et qui avait failli être mangé. Devant les atrocités qu'il a découvertes chez les animaux (comme le parasitisme qui le révulsait) et encore plus chez les hommes (comme l'esclavage qui l'a toujours scandalisé), Darwin a perdu la confiance en un Dieu bienveillant. Son livre favori à bord était d'ailleurs *Le paradis perdu* du poète Milton.

À l'issue de ce voyage qui s'est révélé initiatique à double titre, il ne croyait plus en un Être supérieur en privé mais, comme toujours en public, il a évité les affrontements et s'est tenu sur la réserve. Après le mariage qui a suivi son retour, son épouse a bien senti ce recul poli mais ferme quand elle lui a confié :

> « il y a le risque que l'habitude des entreprises scientifiques de ne croire en rien tant que ce n'est pas prouvé, n'exerce trop d'influence sur ton esprit en ce qui concerne d'autres choses qui ne peuvent être prouvées. (…) Tout ce qui te cause souci me cause souci et je serais extrêmement malheureuse si je pensais que nous ne nous appartenons pas l'un à l'autre pour l'éternité. »

Sur cette lettre d'Emma qu'il a conservée toute sa vie, le tendre Charles a écrit : « Quand je serai mort, sache que bien souvent, j'ai embrassé et pleuré sur ça. » Écartelé entre une épouse profondément croyante qu'il vénérait et un père ainsi qu'un grand-père libres penseurs, on sait qu'il a perdu définitivement la foi à la mort de sa fille en 1851. Cette année-là, sa foi en un Dieu bienveillant et tout-puissant disparait lorsque sa fille chérie, Annie, meurt à l'âge de 10 ans : « Comment un Dieu de bonté, confie-t-il à un proche, peut-il créer une aussi belle petite fille pour la faire autant souffrir ? » Alors qu'il a bien fait la part des choses sur le plan public et familial, alors qu'il s'est protégé en se déclarant agnostique et non athée militant, Darwin révèle ainsi le lien profond qu'il établit sans oser le proclamer entre science et religion, entre raison et éthique.

Dans une lettre de 1860 au botaniste Asa Gray, Darwin se désolait de toutes ces controverses autour de son livre *L'origine des espèces* qu'il surnommait par autodérision *L'évangile du diable* : « En ce qui concerne le côté théologique de la question, le sujet m'est toujours pénible. Je suis confondu, je n'avais pas l'intention d'écrire irréligieusement. » Malgré son agnostisme, Darwin était tout le contraire d'un anticlérical ; il respectait les croyants pour leur moralité et c'est la raison pour laquelle il s'est senti trahi par la préface agressivement athée de Clémence Royer, sa première traductrice en France. S'il n'a jamais précisé publiquement ses vues sur la religion, évitant tout conflit ouvert avec les théologiens dont certains étaient ses amis, il est difficile cependant de se méprendre sur ses convictions. Vers 1870, Darwin rappelait à son fils l'enseignement de Voltaire qui « avait découvert que les attaques contre le christianisme (...) ont peu d'effet permanent (et que seuls) les assauts de biais, lents et silencieux, ont du bon. » En 1880, il confirmait :

> « Bien que je sois un ardent défenseur de la libre-pensée dans tous les domaines, il me semble (...) que les raisonnements directs contre le christianisme et le théisme n'ont presque pas d'effet sur le public et que la liberté de pensée est mieux servie par l'illumination progressive de l'esprit des hommes qui suit l'avancée de la science. J'ai donc toujours évité d'écrire sur la religion et je me suis limité à la science. »

Un congrès international de libres penseurs s'étant tenu à Londres, Darwin a accédé à la requête de trois d'entre eux qui voulaient le rencontrer. Il les a invités le 28 septembre 1881 et, après le repas, Edward Aveling, qui deviendra le compagnon de la plus jeune fille de Marx et tentait de rapprocher le darwinisme du socialisme, a rapporté le dialogue. Les libres penseurs ont essayé de le convaincre de militer avec eux dans l'incroyance mais Darwin a répliqué : « Pourquoi être aussi agressif ? Gagne-t-on quoi que ce soit à essayer de forcer les masses à adopter ces nouvelles idées. Cela est très bon pour les individus éduqués, cultivés et pensants ; mais les masses sont-elles mûres pour cela ? (...) Pourquoi vous qualifiez-vous d'athée et dites-vous qu'il n'y a pas de Dieu ?[7]»

Certains au contraire, comme Lady Hope qui a publié un témoignage en 1915, ont soutenu que Darwin était revenu à la religion au cours de sa dernière maladie, ce qui a été démenti par ses enfants et les historiens. Sa fille, Henrietta, qui était près de lui à son lit de mort, a témoigné qu'il a déclaré : « Je n'ai pas peur de mourir », et que ses derniers mots ont été adressés à Emma, cette épouse qu'il peinait tant par son incroyance : « Rappelez-vous la bonne épouse que vous avez été ».

Plus troublant, certains de ses biographes récents[8] ont conclu qu'il croyait en l'existence non d'un Dieu barbu, mais d'une entité qui serait à l'origine des lois de l'univers et ne s'occuperait pas des hommes, bref un précurseur du concept moderne de *Dessein intelligent* (Intelligent Design). Einstein et Darwin considéraient en effet la Bible comme un conte pour enfants ; et ce dernier a écrit dans la première version de son *Autobiographie* : « Une telle réflexion me pousse à considérer une Cause première douée d'une intelligence plus ou moins semblable à celle de l'homme ; et m'expose à être qualifié de déiste. » Mais il a ajouté plus tard que cette conclusion, qu'il jugeait solide en écrivant *L'Origine des espèces*, s'est ensuite effritée. « Ne sous-estimons pas, [notait-il dans un passage de son *Autobiographie* censuré par sa femme après sa mort et rétabli plus tard par sa petite-fille], la probabilité que l'éducation, inculquant aux enfants la croyance

[7] Christen, Y. (1981) *Marx et Darwin : le grand affrontement.* Paris, Albin Michel, p. 33-34.

[8] Desmond, A., Moore, J. (1991) *Darwin : the Life of a Tormented Evolutionist.* New York, Norton and Cy, 808 p.

en Dieu, puisse produire un effet puissant et peut-être héréditaire sur leurs cerveaux encore malléables, et que se débarrasser de la croyance en Dieu leur serait aussi difficile que, pour un singe, de se débarrasser de la peur instinctive du serpent ». Cet « aspect irrévérencieux » de l'origine de la morale heurtait évidemment son épouse Emma qui disait vouloir « éviter de faire de la peine aux amis religieux » de son mari.

Malgré les tentatives habituelles de récupération, Darwin est donc bien mort incroyant et agnostique mais il est facile de jouer sur les mots pour brouiller, ici encore, une pensée aussi nuancée, prudente et complexe. Une anecdote illustre ce jeu de miroirs. Son épouse l'emmène assister à une séance de spiritisme, Darwin s'éclipse prétextant un malaise et, quand il revient, il secoue la tête en disant : « Doit-on vraiment croire en ce genre d'absurdité ? » Emma interprète à sa manière cette réaction dans un courrier à une amie : « Il ne veut tout simplement pas y croire, il déteste l'éventualité que cela puisse être possible et il refuse donc de voir les preuves[9] »… Pauvre Darwin, à jamais incompris, même de sa femme chérie qui l'a censuré pour son bien après sa mort et qui, contre sa volonté, a donné son accord pour les funérailles nationales de son mari hérétique sous les auspices de l'Église anglicane à l'abbaye de Westminster. Du moins, sa mémoire est-elle sauve puisqu'il a pu transmettre son message impie malgré l'exigence religieuse de son épouse. De la même manière qu'il est parvenu sans parler d'homme et de religion à éviter la polémique sur sa théorie qui permet pourtant de se passer de Créateur, il semble avoir été plus efficace comme libre-penseur en évitant d'attaquer de front la religion, puisque son œuvre est devenue la Bible du matérialisme.

Avec ce mélange surprenant de modération et de radicalisme, Darwin, tout en ménageant la religion, est allé jusqu'à rechercher son origine dans la biologie. Au même titre que les comportements moraux les plus élevés comme l'altruisme dont il estimait qu'ils se trouvaient déjà chez l'animal, cette approche iconoclaste propose une hypothèse vérifiable aux études scientifiques les plus récentes d'imagerie médicale et de neurobiologie sur un sujet

---

[9] Interview de l'historien des sciences James Moore dans *L'Express* (2009) Hors-série, p. 18.

aussi délicat. Chez les « sauvages » comme chez les animaux, il trouve des prémisses de religiosité dans leurs tendances *animistes* qui prêtent facilement aux objets une âme. Il cite en note dans *L'expression des sentiments chez l'homme et l'animal*, la théorie du professeur Braunbach selon laquelle « le chien regarde son maître comme un dieu ». Or les études génétiques récentes sur le chien prouvent d'une part qu'il est issu du loup qui, dans sa première année, suit aveuglement le chef de meute et d'autre part que le chien a subi une forte sélection pour lui conserver ses caractères d'immaturité qui l'attachent à son maître et en font un éternel adolescent[10]. En outre, une théorie évoquée par les primatologues Adriaan Kortlandt et Georges Schaller avance que les comportements sociaux des humains et des canidés ont convergé par adaptation à la même niche écologique de chasseurs coopératifs de gros gibier, notre espèce étant la seule espèce de primates à l'avoir occupée jusqu'à il y a 10 000 ans, c'est-à-dire pendant 290 000 ans pour *Homo sapiens* et 2 500 000 ans pour le genre *Homo*. Bref, la croyance en Dieu ne serait-elle pas seulement culturelle mais serait-elle issue du respect inné du leader, comme le suggère discrètement mais toujours aussi hardiment Darwin ?

Épistémologue malgré lui

« Il ne me semble pas y avoir plus de plan concerté dans la variabilité des êtres vivants et dans l'action de la sélection naturelle que dans la direction où souffle le vent. » Pour Darwin, l'évolution n'est ni téléologique, ni anthropocentrique : nous ne sommes pas le but de l'évolution et la nature n'a même pas de projet, ce que l'on nomme aujourd'hui le *Dessein Intelligent* et qui est parfois devenu la position de repli des croyants en matière d'évolution, la Bible n'étant plus une référence solide pour expliquer la Création. Après Darwin, la biodiversité n'est pas plus un mystère que les fossiles ou notre ressemblance avec les autres primates : l'homme n'est plus un extra-terrestre sans lien avec le monde et notre espèce n'a plus de problème d'identité puisqu'elle s'est réconciliée avec sa famille ! La portée des con-

---

[10] Pour plus de détails, Jouventin, P. (2012) La domestication du loup. *Pour la Science* n°423 et Jouventin, P. (2012) *Kamala, une louve dans ma famille*. Paris, Flammarion, 343 p., ainsi que Jouventin, P. (2014) *Trois prédateurs dans un salon- Le chat, le chien et l'homme*. Paris, Belin, 271 p.

clusions darwiniennes est donc sans commune mesure avec les pures sciences naturelles, son statut d'autodidacte, ses études décousues, et même sa fonction à bord au départ du Beagle qui était celle de compagnon du capitaine mais qu'il a transformée en celle de naturaliste, puis de savant célèbre et aujourd'hui de philosophe.

Le généticien Théodosius Dobzhansky, le père avec Ernst Mayr de la théorie synthétique de l'évolution qui actualisait le darwinisme, avait cette magnifique formule : « Rien n'a de sens en biologie si ce n'est à la lumière de l'évolution. » Ce qui était l'hypothèse de l'évolution, il y a un siècle, a été confirmé des milliers de fois au point que le qualificatif de 'théorie' est devenu superflu. C'est devenu le ciment de la biologie et toutes les disciplines ont dû intégrer la dimension évolutive, y compris l'éthologie et l'anthropologie. Le débat scientifique a presque cessé mais la controverse sociale se poursuit. Le darwinisme intéresse enfin les sciences humaines dont il avait été expulsé pour cause de *biologisme*. L'anthropologie, la psychologie, la médecine, la philosophie et même l'éthique réclament son éclairage. Toute personne cultivée admet aujourd'hui notre origine animale sur le plan morphologique puisqu'elle sait qu'un chimpanzé diffère génétiquement à peine d'un homme. Pourtant, bien des gens ne sont pas convaincus par cette démonstration qui ne fait pas appel au ciel et nous ramène à la bête. À l'époque de Darwin, l'épouse de l'évêque anglican de Worcester se serait écriée : « L'homme descend du singe ? Pourvu que cela ne soit pas vrai. Mais si cela était, prions pour que cela ne se sache pas ! »

Aux États-Unis, eut lieu le célèbre « procès du singe » en 1925 à Dayton dans le Tennessee où un enseignant fut condamné pour avoir appris à ses élèves l'existence de la théorie de l'évolution. Plusieurs états américains continuent à interdire son enseignement et les évangélistes, toujours très nombreux au point d'avoir élu le président actuel, considèrent la Genèse comme un texte tout aussi scientifique, « la science de la création » étant enseignée par radio, internet et dans un « Institute for Creation Research » à San Diego. Dans le pays de Descartes, avec un retard de 80 ans sur les pays anglophones, le darwinisme a été enfin officiellement accepté. Mais il est peu et mal enseigné car on continue souvent à confondre progrès et évolution[11]. En outre, la formation des futurs chercheurs comporte très rarement une réflexion sur la science[12], ce qu'on nomme l'épistémologie dont l'objet le plus complexe est justement la théorie de l'évolution.

Cette parenté étroite avec les autres membres de la famille animale sur les plans morphologique et physiologique se poursuit évidemment sur les plans psychologique et émotif. Ce n'est pas seulement une conviction d'ami des bêtes mais un fait scientifique. L'acceptation de cette proximité était d'ailleurs intuitive dans bien d'autres civilisations dites primitives. De l'Égypte antique à l'Inde moderne, l'animal fait partie de la famille et de la mythologie. La culture occidentale issue du monothéisme en a imposé l'antithèse, opposant l'Homme à l'Animal jusqu'à ce qu'il y a 150 ans Darwin ait montré scientifiquement l'inverse, ce qu'à chaque découverte, la génétique et l'éthologie confirment. La théorie de l'évolution est triomphante malgré la prédiction de l'éditeur de *L'origine des espèces* qui la jugeait « aussi absurde que la contemplation de l'union fructueuse d'un porc et d'un lapin[13] ». Une partie du message darwinien reste cependant à assimiler et cette remise en question peut être comparée à la révolution copernicienne : pas plus que la terre n'est le centre du monde physique, l'homme n'est le centre du monde vivant… et il nous faudra encore un peu de temps pour l'admettre car c'était, jusqu'alors, une position bien confortable.

Le XVIIIe est le Siècle des lumières. Dans un premier temps, ce grand espoir d'amélioration de l'homme a favorisé le développement des idées d'évolution, synonyme à cette époque de foi en le progrès. Les idéologues de tous bords, qui ont tenté de récupérer et de prolonger Darwin[14], n'avaient pas les connaissances scientifiques pour tout assimiler de sa thèse. La confusion avec le darwinisme social a paradoxalement d'abord constitué un avan-

---

[11] *La Recherche* (2006) Dieu contre Darwin, dossier n°396, p.51-52.

[12] Lire sur ce sujet le livre de Lecointre, G. (2012) *Les sciences face aux créationnismes*. Éditions Quæ, et en particulier la discussion.

[13] Christen, Y. (1981) *Marx et Darwin - Le grand affrontement*. Paris, Albin Michel, p. 15.

[14] Toutes les dérives du darwinisme (eugénisme, capitalisme, marxisme, anarchisme, nazisme, etc.) sont passées en revue dans le livre de Jouventin, P. (2014) *La face cachée de Darwin*. Paris, Libre & Solidaire, 230 p.

tage majeur, un heureux concours de circonstances pour Darwin car elle a grandement favorisé la diffusion de sa théorie mal comprise. Il était, en effet, facile d'extrapoler de l'évolution des espèces au progrès social, d'assimiler le darwinisme au perfectionnement des êtres vivants avec notre espèce au sommet de la hiérarchie : dans la symbolique chrétienne, l'homme constituait le dernier barreau de l'échelle de Jacob juste avant les anges puis Dieu ; dans la doxa libérale, le capitalisme suivait la loi de la nature. Mais dans un second temps qui se poursuit, cette confusion entre darwinisme et darwinisme social a nui à la compréhension et à la portée de son message.

Cette promotion du darwinisme par la confusion victorienne entre évolution et progrès a souvent été signalée. *L'origine des espèces* a, en outre, bénéficié de la tactique darwinienne qui a consisté à ne pas heurter de front les croyants. Il a même entretenu la confusion dans la dernière phrase de son livre majeur : « N'y-a-t-il pas une véritable grandeur dans cette conception de la vie, ayant été avec ses puissances diverses insufflées primitivement par le Créateur dans un petit nombre de formes, dans une seule peut-être, et dont, tandis que notre planète, obéissant à la loi fixe de la gravitation, continuait à tourner dans son orbite, une quantité de formes admirables, parties d'un commencement des plus simples, n'ont pas cessé de se développer et se développent encore ? » Ce n'était pas seulement de la ruse mais peut-être l'expression de sa conviction profonde qu'il n'y a pas d'opposition réelle entre croyants et incroyants mais une continuité morale et logique qui l'a lui-même fait passer du statut d'apprenti théologien à celui de Newton de la biologie, la science ayant relayé la religion et la sélection naturelle ayant remplacé la Providence Divine. On trouve d'ailleurs ses disciples et admirateurs de tout temps dans des champs culturels très opposés, certains étant profondément religieux et d'autres athées.

Moraliste malgré lui

Le darwinisme est donc moins simple et plus trompeur qu'il n'y parait. Possédant tant de facettes, la plupart de ses vulgarisateurs n'en ont compris que ce qui les arrangeait à court terme, même si c'était moins satisfaisant pour rendre compte de la complexité du réel que l'explication darwinienne. Beaucoup, même convaincus par son aspect scientifique, ont encore du mal à en accepter les conséquences sociales. En effet, objectivement, depuis Darwin, l'Homme n'est plus le Roi de la Création, sinon dans notre imaginaire, comme se plaisaient à le croire ses disciples victoriens en pensant que cela avait été démontré par la science. Mais aujourd'hui, la plupart des athées cultivés le pensent encore. Sans doute l'évolution augmente-t-elle dans le temps en complexité mais cela n'est pas synonyme de supériorité hiérarchique. Beaucoup de nos contemporains croient encore en la « religion du progrès », comme Condorcet qui clamait en 1794

> « qu'il n'a été marqué aucun terme au perfectionnement des facultés humaines ; que la perfectibilité de l'homme est réellement indéfinie et le progrès de cette perfectibilité, indépendant de tout pouvoir qui voudrait l'arrêter, n'a d'autres limites que la durée du globe sur lequel la nature nous a jetés (...) La perfectibilité ou la dégénération organiques des races dans les végétaux, dans les animaux, peut être regardée comme une des lois générales de la nature[15]. »

Darwin a donc été mal lu, même et surtout après *L'origine des espèces*. Pourtant, dès la parution en 1871 de *La descendance de l'homme* traitant enfin de notre espèce et que nous allons abondamment citer, Darwin avait pris nettement position, en particulier contre le racisme et le darwinisme social. Les conséquences de ce livre, plus iconoclaste encore que *L'origine des espèces,* ont été perçues à l'époque par certains critiques : « Si ces thèses sont exactes, une révolution de la pensée est imminente, qui ébranlera la société jusque dans ses racines, détruisant le caractère sacré de la conscience, et le sentiment religieux » lisait-on dans l'*Edinburgh Review*. Certains sont allés jusqu'à écrire que Darwin avait *détrôné* Dieu !

Si la théorie de l'évolution est autrement plus dérangeante que la physique de Newton ou même d'Einstein, c'est qu'elle ne se contente pas de révolutionner la science : elle remet en cause la religion et la philosophie occidentale, en particulier la philoso-

---

[15] Condorcet, N. (1988) *Esquisse d'un tableau historique des progrès de l'esprit humain.* Paris, Flammarion, 1988, p. 77 et fin.

phie morale. Jusqu'alors, la science répondait à la question *Comment ?* et la religion, à la question *Pourquoi ?*. Les deux concurrents se partageaient même l'avenir : la science promettait le progrès et la religion, le Paradis. Avec le darwinisme qui répond au Pourquoi tout en niant tout finalisme, « L'ancienne alliance est rompue » selon la formule de Jacques Monod qui conclut *Le hasard et la nécessité* en prenant de la hauteur :

> « L'homme sait qu'il est seul dans l'immensité indifférente de l'Univers d'où il a émergé par hasard. Non plus que son destin, son devoir n'est écrit nulle part. À lui de choisir entre le Royaume et les ténèbres. »

L'évêque Wilberforce qualifiait déjà à l'époque le darwinisme de *doctrine immorale et antichrétienne* car il ne voyait plus alors sur quoi baser la moralité. Dans son *Autobiographie*, Darwin renverse cette critique :

> « Un être aussi puissant et aussi riche de connaissance que le Dieu qui a pu créer l'univers est, pour nos esprits finis, omnipotent et omniscient ; notre compréhension se révolte de supposer que sa bienveillance ne soit pas sans limites, car quel est l'intérêt de la souffrance de millions d'animaux inférieurs pendant un temps presque infini ? Cet argument très ancien, tiré de l'existence de la souffrance, contre une cause première intelligente, me semble fort ; alors que, comme on l'a remarqué, la présence de tant de souffrances s'accorde bien à l'idée que tous les êtres organiques se sont développés par variation et sélection naturelle. »

Dans une lettre à son ami Asa Gray (1860), il est encore plus direct :

> « Je ne parviens pas à voir aussi pleinement que d'autres, ni aussi pleinement que je le souhaiterais, la preuve d'un dessein et d'un dessein généreux dans ce qui nous environne. Il me semble qu'il y a trop de misère en ce monde. Je n'arrive pas à me persuader qu'un Dieu bienveillant et tout-puissant ait pu créer délibérément les ichneumons [guêpes parasites] avec l'intention de les faire se nourrir de

l'intérieur du corps de chenilles vivantes, ni les chats qui jouent avec des souris. »

Le mot *sélection*, s'il est frappant comme le voulait Spencer qui l'a trouvé, prête à confusion en supposant un but à l'évolution et donc un sélectionneur, alors que Darwin décrivait un mécanisme aveugle qui se suffit à lui-même. La moralité humaine ne résulterait plus d'une volonté divine bienveillante ou même d'un progrès évolutif, elle serait une conséquence accidentelle de l'évolution sociale et elle aurait pu aller dans une tout autre direction : si « les hommes étaient élevés dans les mêmes conditions que les abeilles de ruche, il ne ferait guère de doute que nos femelles célibataires penseraient, comme les abeilles ouvrières, qu'elles ont le devoir sacré de tuer leurs frères, et que les mères tenteraient de tuer leurs filles fécondes ; et personne ne songerait à y faire obstacle ».

D'où vient donc la moralité si ce n'est de Dieu ? La position darwinienne peut se résumer ainsi : « Le sens moral de l'homme émerge à partir de deux éléments que l'on peut observer au sein du règne animal. D'une part, l'existence de capacités intellectuelles et affectives. D'autre part, la présence d'un certain nombre d'instincts sociaux à partir desquels le sens moral est à même de se développer.[16] »

L'éthologie moderne a infirmé *l'animal-machine* de Descartes et confirmé Darwin. Les capacités cognitives et affectives des animaux, en particulier des mammifères sociaux, sont développées et proches de celles de l'homme. Darwin l'énonce nettement :

> « On peut évidemment admettre qu'aucun animal ne possède la conscience de lui-même si l'on implique par ce terme qu'il se demande d'où il vient et où il va, et ainsi de suite. Mais sommes-nous bien sûrs qu'un vieux chien, ayant une excellente mémoire et quelque imagination, comme le prouvent ses rêves, ne réfléchisse jamais à ses anciens plaisirs, à la chasse ou aux déboires qu'il a éprou-

[16] Ravat, J. (2009) Morale darwinienne et darwinisme moral. In : *Les mondes darwiniens - L'évolution de l'évolution.* Paris, Syllepse, p. 911. Nous avons emprunté les citations de Darwin sur la morale à cet auteur.

vés ? Ce serait là une forme de conscience de soi ? (…) Si les facultés mentales de l'homme diffèrent immensément en degré de celles des animaux qui lui sont inférieurs, elles n'en diffèrent pas quant à leur nature. Une différence en degré, si grande qu'elle soit, ne nous autorise pas à placer l'homme dans un règne à part (…) Il n'existe aucune différence entre l'homme et les animaux supérieurs pour ce qui est de leurs facultés mentales. »

En ce qui concerne les instincts sociaux, Darwin dans *La descendance de l'homme* annonce Kropotkine et Hamilton, c'est-à-dire l'entraide et la sélection familiale dite de parentèle qui sont la suite logique de sa théorie :

> « Les animaux doués des instincts sociaux prennent plaisir à être en compagnie, s'avertissent mutuellement du danger, se défendent et s'aident mutuellement de maintes façons (…) L'impression de plaisir que procure la société est probablement une extension des affections de parenté ou des affections filiales ; on peut attribuer cette extension principalement à la sélection naturelle, et peut-être aussi, en partie, à l'habitude. Car, chez les animaux pour lesquels la vie sociale est avantageuse, les individus qui trouvent le plus de plaisir à être réunis peuvent le mieux échapper à divers dangers (…) Il est inutile de spéculer sur l'origine de l'affection des parents pour leurs enfants et de ceux-ci pour leurs parents ; ces affections constituent évidemment la base des affections sociales.[17] »

Sa vision de l'évolution morale chez l'homme est fondée non sur l'individu mais sur le groupe social, annonçant aussi la génétique des populations et le malentendu de la sociobiologie :

> « Bien qu'un haut niveau de moralité ne donne qu'un avantage léger ou nul à chaque homme individuel ou à ses enfants sur les autres hommes de la même tribu, néanmoins un accroissement dans le nombre d'hommes bien doués et un avancement dans le niveau de moralité donne-

---

[17] Darwin, C. (1874) *La descendance de l'homme et la sélection sexuelle*. Paris, Schleicher, p. 87-88.

ront certainement un immense avantage à une tribu sur une autre. »

Il a même donné la définition d'une forme d'altruisme que le sociobiologiste Robert Trivers décrira seulement en 1971 sous le nom d'*altruisme réciproque* : « Comme les capacités de prévision et de raisonnement des membres (des tribus) s'amélioraient, chaque homme apprit bientôt que s'il aidait ses pareils, il recevrait généralement de l'aide en retour ».

L'affirmation de Darwin, que les plus hautes facultés intellectuelles et sociales de l'homme se trouvent en germe chez les animaux, a des implications évidentes en morale. Bien au-delà de ce que les cyniques grecs, philosophes les plus hardis sur nos liens avec les animaux, ont osé avancer par les provocations de Diogène de Sinope, il pousse ce *continuisme* jusqu'à ses ultimes conséquences : « Tout animal, quel qu'il soit, doté d'instincts sociaux bien affirmés, incluant les affections parentale et filiale, acquérait inévitablement un sens moral ou conscience dès que ses capacités intellectuelles se seraient développées au même point, ou presque que l'homme ». Néanmoins, Darwin a considéré le sens moral comme la marque distinctive de l'humain (« de toutes les différences existant entre l'homme et les animaux inférieurs, c'est le sens moral qui est le plus important ») et même il en a fait une sorte de propre de l'homme : « Un être moral est quelqu'un qui est capable de réfléchir sur ses actions passées et sur leurs motifs, d'en approuver certains et d'en désapprouver d'autres ; et le fait que l'homme soit le seul qui mérite cette qualification constitue la plus grande différence qui soit entre lui et les animaux inférieurs ». C'est justement sur cette haute idée de la moralité comme marque de l'humanité qu'il a établi une hiérarchie entre les sociétés et a différencié notre civilisation des « races inférieures », expression de l'époque qui l'a fait parfois qualifier de raciste ce qui est un contresens. Il prônait au contraire un humanisme antiraciste comme tous les membres de sa famille et de sa belle-famille :

> « À mesure que l'homme avance en civilisation, et que les petites tribus se réunissent en communautés plus larges, la plus simple raison devrait aviser chaque individu qu'il doit étendre ses instincts sociaux et ses sympathies à tous les

membres de la même nation, même s'ils lui sont personnellement inconnus. Une fois ce point atteint, seule une barrière artificielle peut empêcher ses sympathies de s'étendre aux hommes de toutes les nations et de toutes les races ».

Sa morale était *utilitariste* puisque, d'après lui, les instincts sociaux ne sont pas apparus par la providence divine ou comme un but de l'évolution, ainsi que le proclamait Spencer qui confondait complexité et supériorité. Ils se sont développés simplement par une adaptation de certaines espèces à leur mode de vie. Pour lui, les instincts sociaux ne sont chez l'homme que des pulsions que l'éducation oriente pour une meilleure adaptation au milieu. Darwin fait appel à la fois à l'inné et à l'acquis, au lieu de les opposer comme beaucoup le font encore, l'être humain n'ayant pas la capacité innée de distinguer le bien du mal, comme on l'observe chez les jeunes enfants ou à travers la diversité des moralités interculturelles. La morale est désacralisée et l'altruisme n'est qu'un égoïsme au second degré, la résultante d'un intérêt collectif, ce qui n'enlève rien à sa valeur : « Ainsi se trouve écarté le reproche de placer dans le vil principe de l'égoïsme les bases de ce que notre nature a de plus noble ; à moins, cependant, qu'on appelle égoïsme la satisfaction que tout animal éprouve lorsqu'il obéit à ses propres instincts, et le regret qu'il ressent quand il en est empêché. »

Antispéciste avant l'heure

Ainsi dans *La descendance de l'homme,* Darwin se démarque nettement de Spencer et de Malthus : loin de conseiller l'abandon ou l'élimination des plus faibles, il va jusqu'à encenser une civilisation où l'on protège « les idiots, les estropiés et les malades ». Darwin ne se contentait pas de l'écrire, il pratiquait quotidiennement la charité chrétienne sans pour cela croire au paradis comme son épouse. Les témoignages concordent pour reconnaître que c'était un homme de bien, bon fils, bon époux, bon père de famille, ami fidèle et tolérant, préférant ses enfants et ses recherches aux honneurs et à l'argent, aimant passionnément la nature, les plantes et les animaux, un être extrêmement sensible qui a abandonné ses études de médecine pour ne pas voir couler le sang, assister aux dissections et entendre crier les patients, ému par les misères et les souffrances du monde humain aussi bien qu'animal.

Dans un de ses carnets de notes[18], il exprime cette compassion :

> « Nos animaux, nos compagnons, nos frères dans la douleur, la maladie, la mort, la souffrance et la famine, nos esclaves dans les travaux les plus pénibles, nos compagnons dans nos divertissements, il se peut qu'ils participent de notre origine dans un ancêtre commun, il se peut que nous soyons tous liés ensemble. »

Il ne supportait pas les mauvais traitements aux animaux que ce soit pour les chiens de cirque ou les chevaux de trait et il fut tourmenté pendant longtemps pour avoir corrigé un chiot. Il réduisait ses collectes naturalistes au strict minimum et cessa la chasse, comme il le décrit plaisamment dans son *Autobiographie* écrite pour sa famille : « Les instincts primitifs du barbare cédèrent lentement la place aux goûts acquis de l'homme civilisé. » Bien que scientifique expérimentaliste, il a soutenu l'action de son gendre pour obtenir une loi encadrant la vivisection et il a adressé au *Times* une lettre publique de soutien. En 1871, il répondait au professeur Ray Lankester :

> « Vous demandez quelle est mon opinion au sujet de la vivisection. Je conviens parfaitement qu'elle peut se justifier pour de véritables investigations physiologiques, mais non par une curiosité condamnable et détestable. C'est un sujet qui me rend malade d'horreur, et pour cette cause, je désire ne plus dire un seul mot, autrement je ne dormirai pas de la nuit. »

Darwin, qui est considéré comme le fondateur de l'évolution, de l'éthologie et de l'écologie, peut donc aussi être présenté comme un précurseur de l'éthique animale[19]. En dehors de

---

[18] Cité par Bringuier, G. (2012) *Charles Darwin-Voyageur de la raison.* Toulouse, Privat, p. 264.

[19] Rachels, J. (1990) *Created from Animals: the Moral Implications of Darwinism.* Oxford, Oxford University Press, 245 p.

l'exemple précédent, il ne s'est jamais exprimé publiquement sur ce sujet comme l'ont fait Montaigne, Vinci, Hugo, Zola ou Tolstoï. Mais d'une part, la théorie de l'évolution fournit les fondements objectifs de l'antispécisme en prouvant que la supériorité de notre espèce sur les autres est un jugement subjectif et non une donnée scientifique, que ce que l'on a appelé à tort *le propre de l'homme* se trouve déjà en germe chez l'animal comme l'a confirmé l'éthologie moderne. D'autre part, bien que la réserve naturelle de Darwin soit le contraire de l'activisme véganiste d'aujourd'hui, les exemples dans sa vie quotidienne abondent de sa sensibilité à la souffrance animale et même -pour une fois dans sa vie et cela est d'autant plus remarquable- de son engagement social : un fermier voisin ayant laissé mourir de faim ses moutons, cet ennemi des polémiques réunit les preuves et porte l'affaire en justice. Autre anecdote significative, son fils Francis rapporte qu'il rentre tout ému de promenade : sorti de sa réserve habituelle, il s'est querellé violemment avec un cocher qui maltraitait un cheval malade.

Cette sensibilité extrême à la souffrance animale et humaine ne cadre pourtant pas avec le portrait que Darwin a voulu donner de lui-même. La science académique s'appuie sur ses déclarations prudentes qui, en effet, paraissent claires et distanciées de toute revendication sociale, mais que je considère comme des écrans de fumée destinés à éviter les controverses stériles. Par exemple, Guillaume Lecointre, Professeur au Muséum National d'Histoire Naturelle, considère que la théorie de l'évolution n'a pas de message philosophique à transmettre[20]. Un scientifique qui veut lui donner cette fonction serait aussi condamnable que l'émule trop zélé de Darwin, Spencer, avec son darwinisme social. Je ne partage bien sûr pas cette analyse. Nous classer parmi les autres espèces ou assumer que les plus hautes facultés intellectuelles et morales de l'homme se trouvent au moins en partie chez les autres mammifères n'a pas seulement des implications scientifiques mais aussi philosophiques et éthiques, malgré ce qu'en dit Darwin lui-même pour éviter les polémiques sociétales qui auraient nui à la diffusion de sa théorie de l'évolution. Il a

---

[20] Lecointre, G. (2009) La théorie darwinienne de l'évolution dérange toujours les créationnismes. *Science et pseudo-sciences*, n°288 : 65-75.

volontairement limité le débat à la pure biologie pour ne pas se perdre dans des discussions stériles qui ne l'intéressaient pas et qui auraient fait de l'ombrage à son œuvre maitresse. Pourtant les faits qu'il a démontrés induisent des valeurs dont chacun est juge mais qui s'imposent à nous comme à lui. C'est aussi la position de Patrick Tort, qui est allé jusqu'à intituler un de ses livres *'La seconde révolution darwinienne'*[21] pour bien la distinguer de la première, purement scientifique et seule à être revendiquée par Darwin.

Mon interprétation est proche aussi de celle de Richard Dawkins qui considère dans *Pour en finir avec Dieu*[22] que la réfutation du créationnisme n'est pas neutre et anodine en matière religieuse. Darwin -dont ce professeur de biologie à Oxford est comme moi un admirateur- ne nous donne pourtant pas raison puisqu'il évitait de se déclarer athée par tempérament pacificateur. Sa subtile stratégie de communication a été gagnante puisqu'il repose à l'abbaye de Westminster après avoir prouvé que la Bible est un ancien conte mythologique. À la limite de la manipulation, nous l'avons même vu rajouter entre la première et la deuxième édition de *L'origine des espèces* une phrase de conclusion pour faire croire qu'il était déiste comme la plupart de ses contemporains alors que ses écrits personnels prouvent le contraire. S'il est exact que la sélection naturelle aveugle et dépendant du milieu rend caduque toute notion de *destinée*, la théorie de l'évolution –et c'est son originalité en science- induit des valeurs morales dont il est difficile de ne pas tenir compte, en matière de religion comme le prétend Dawkins et en matière de morale comme je le suggère avec Patrick Tort. Instruit par l'échec de la tentative de son grand-père et de Lamarck à démontrer l'évolution des espèces à cause des conséquences religieuses et morales de l'évolution, Charles Darwin s'est bien gardé de revendiquer les implications sociales de sa théorie scientifique. Ce n'était pas nécessairement de l'hypocrisie car sa bonne entente avec son épouse et ses amis intimes témoigne du fait qu'il

[21] Tort, P. (2002) *La seconde révolution darwinienne. Biologie évolutive et théorie de la civilisation.* Paris, Kimé, 137 p.
[22] Dawkins, R. (2009) *Pour en finir avec Dieu.* Paris, Perrin-Tempus, 525 p.

respectait profondément les croyants bien qu'il ne partagea pas leurs convictions.

Pourtant le darwinisme a non seulement des implications sociales mais militantes, en matière de cause animale, et les actes comme les écrits intimes de Darwin prenant la défense des animaux, témoignent qu'il ne s'agit pas d'une interprétation subjective. Voici ce qu'en disait récemment Afeissa, spécialiste de l'éthique environnementale :

> « La critique du spécisme, en entendant par-là l'idée selon laquelle l'appartenance spécifique suffit à fonder un certain nombre de privilèges moraux, aurait-elle pu devenir ce qu'elle est devenue en éthique animale, c'est-à-dire un véritable cheval de bataille, si elle n'avait reçu une impulsion décisive de la théorie de la descendance avec modification, de l'idée de l'arbre phylogénétique liant les diverses formes de vie les unes aux autres, en rupture avec cette représentation de l'homme qui consiste à le situer dans une hiérarchie de l'être qui serait un ordre de perfection ?[23] »

Comment continuer à se croire d'une essence différente des autres espèces (*essentialisme*) et d'une essence supérieure (*ethnocentrisme* dans nos rapports avec les « primitifs » et *anthropocentrisme* dans nos rapports avec les « bêtes ») quand nous faisons dorénavant partie de la même famille ? Comment mépriser ses cousins et ses frères, les exploiter, les martyriser ou les manger sans se poser de questions, sans se demander si on est complice et si les animaux ont des droits ? Ne serait-ce que par respect de soi-même, par dignité humaine comme le préconisait le philosophe Emmanuel Kant qui estimait, comme Luc Ferry aujourd'hui, que les animaux n'ont pas de droits mais que l'homme a des devoirs envers eux comme envers les enfants, les vieillards et les malades mentaux.

C'est d'ailleurs la position morale qu'a adoptée Darwin dans sa vie quotidienne puisque ce prudent incroyant affichait publiquement son désaccord envers ceux qui font du mal aux animaux, se disputant dans la rue avec un cocher ou attaquant un

---

[23] Afeissa, H. S. (2012) *Nouveaux fronts écologiques : Essais d'éthique environnementale et de philosophie animale*. Vrin, p. 114.

berger en justice, lui qui fuyait pourtant les débats académiques. Lorsqu'il déclare tolérer les expérimentations médicales dans une interview, il clôt le débat en disant que cette évocation lui est insupportable et va lui donner des cauchemars, ce qui prouve que son investissement est au moins autant affectif que rationnel. Il a aussi condamné la vivisection avec une véhémence digne d'un militant de la cause animale et pas d'un collègue de Claude Bernard. Darwin ne me parait pas, malgré ses dénégations et les apparences qu'il a sauvées afin d'éviter les polémiques, un savant ignorant du monde, même s'il détestait la confrontation. Ses prises de position écrites en faveur des animaux sont d'ailleurs parfois plus radicales à l'époque que celles des partisans actuels du bien-être animal. Pour prendre le contre-pied de la conclusion de Guillaume Lecointre dans l'article cité précédemment, la théorie darwinienne (ou néodarwinienne) de l'évolution véhicule, en elle-même, autrement plus de valeurs que la théorie de la gravité universelle ou celle de la dérive des continents.

Abolitionnisme : au confluent de la théorie de l'évolution, de la nutrition et de la philosophie du droit

Enrique Utria

La philosophie morale se divise traditionnellement en trois sous-domaines : la méta-éthique, qui sera ici laissée de côté, l'éthique normative et l'éthique appliquée. L'éthique normative est l'étude des théories morales (ou éthiques ; j'utilise ici ces deux adjectifs de manière interchangeable), c'est-à-dire des théories proposant des critères du bien et du mal, du bon et du mauvais, du juste et de l'injuste, des critères pour l'attribution de droits et de devoirs. Le déontologisme, l'éthique des vertus, le contractualisme, l'utilitarisme sont autant de théories morales normatives. Chacune pose des normes concernant la façon dont nous devrions agir ou ne pas agir. Et chacune prétend avoir raison. Elles rivalisent pour notre assentiment rationnel.

Quant à l'éthique appliquée, elle n'est rien d'autre que l'application de ces théories éthiques à des questions pratiques. L'éthique environnementale applique ces théories aux questions environnementales ; l'éthique médicale, aux questions médicales, aux rapports soignants-soignés ; l'éthique animale, à notre rapport aux autres animaux.

Abolitionnisme : divergences et convergences

Abolitionnisme et welfarisme

Parmi les auteurs qui s'intéressent plus ou moins rigoureusement à la question animale, donc à l'éthique animale, on distingue deux grands types de *conclusions*. Il y a tout d'abord les auteurs qui ne s'opposent pas à l'exploitation animale en tant que telle, ni à l'abattage des animaux, mais qui entendent simplement réguler les modalités de leur mise à mort, améliorer leurs conditions de vie. En ce sens, leurs conclusions sont *welfaristes* (de l'anglais *welfare*, bien-être, bien portance).

L'autre grand type de conclusions rassemble les *abolitionnistes*. Ces derniers exigent la fin de l'exploitation animale. Pour l'alimentation, la recherche scientifique, la religion, les loisirs, etc. Mais de même que les philosophes s'écharpent sur ce qu'il convient de considérer comme une exploitation humaine (le capitalisme exploite-t-il la force de travail des classes laborieuses ? La prostitution est-elle un métier ou une exploitation ?), les abolitionnistes débattent des limites du concept d'exploitation animale. Faire une expérience bénigne, non invasive, indolore, sur un animal (par ex., un prélèvement cellulaire), doit-il être considéré comme une forme d'exploitation ? Vivre avec un chien, est-ce l'exploiter à des fins affectives ? Consommer les œufs de poules qui ne seront jamais sacrifiées et auxquelles il sera toujours accordé de bons soins, est-ce les exploiter ? Les consensus sont rares. Mais un point reste certain : être abolitionniste, c'est *à tout le moins* vouloir abolir les abattoirs et l'expérimentation animale – les expérimentations dommageables, invasives, létales, tournées vers les autres[1].

Pluralité des fondements abolitionnistes

Les conclusions welfaristes s'opposent aux conclusions abolitionnistes. Voilà qui semble évident. Il est moins connu que les conclusions abolitionnistes dérivent parfois d'un substrat welfariste. Certains pensent, par exemple, que l'abattage ne serait pas nécessairement un problème, s'il était indolore. De fait, soutiennent-ils, l'abattage est toujours douloureux. Les vidéos tournées dans les abattoirs font office d'argument coup de poing. Même les plus petites structures, locales, biologiques, sans abattages rituels, infligent d'innombrables souffrances aux animaux.

---

[1] L'expérimentation tournée vers les autres (au bénéfice des autres) doit être distinguée de l'expérimentation tournée vers soi, ou vers les êtres dont nous représentons et défendons les intérêts. On peut être radicalement opposé à l'expérimentation sur des êtres humains non consentants, et dans le même temps autoriser le test d'un nouveau médicament sur son enfant gravement malade, si c'est le meilleur moyen de le sauver. L'expérimentation d'un vaccin ou d'un médicament sur un animal atteint d'une maladie mortelle (et auquel les expérimentateurs n'ont pas au préalable inoculé cette maladie), dans le but de le soigner, est un cas différent de l'expérimentation animale classique. Dans un cas, l'animal est considéré comme un patient, un soigné ; dans l'autre, comme un goûteur, un testeur.

Parce que les animaux résistent. Parce que la rentabilité économique implique cadences, et donc maltraitances. Outre l'abattage, ces welfaristes pensent que l'élevage est, lui-même, de fait, toujours générateur de mutilations ou de privations. Les animaux subissent directement les variations du cours des grains. C'est ce que fait remarquer Jean-Luc Daub, ancien inspecteur des abattoirs :

> « Un directeur d'abattoir me disait qu'actuellement les éleveurs économisent l'aliment. Vu l'augmentation des denrées destinées aux animaux, les coches sont sous-alimentées. (...) Le directeur reconnaît qu'elles sont plus maigres qu'avant, j'ai pu le constater : les os de la colonne vertébrale étaient saillants sur certaines d'entre elles. La restriction sur l'aliment semble se généraliser[2]. »

En bref, il existe une forme d'abolitionnisme fondée sur des motifs welfaristes. Elle a bien souvent pour source une théorie éthique utilitariste. Il ne serait sans doute pas inopportun de parler d'*abolitionnistes welfaristes*, malgré l'apparence antithétique de l'expression. On peut douter que ces raisons welfaristes soient bonnes (l'abattage est-il nécessairement douloureux ? L'industrie ne pourra-t-elle jamais produire de viande heureuse ?), mais dès lors que ces auteurs ou militants aspirent à fermer les abattoirs, mettre un terme à l'expérimentation, ils sont abolitionnistes.

L'abolitionnisme peut s'enraciner dans des théories éthiques différentes, tout à fait opposées. La plupart des auteurs abolitionnistes prennent le contre-pied du postulat welfariste. Le mal radical, soutiennent-ils, n'est pas la douleur, bien qu'elle soit intrinsèquement un mal, mais la réification des animaux, le fait de les traiter comme des ressources plus ou moins renouvelables, des biens, des « meubles ». L'abattage, douloureux ou non, est un meurtre. De même qu'assassiner tante Béa dans son sommeil, de manière indolore, pour accaparer son héritage, n'est pas moins un meurtre que de la tuer après l'avoir torturée, de même tuer Fido par euthanasie, alors qu'il est en pleine santé, est un meurtre. Les poissons, les oiseaux, les mammifères ont une va-

---

[2] Daub, J-L. (2009) *Ces bêtes qu'on abat : Journal d'un enquêteur dans les abattoirs français (1993-2008)*. Paris, L'Harmattan, 133 p.

leur en eux-mêmes, une « valeur inhérente » selon l'expression de Tom Regan, une valeur indépendante de leur utilité pour les êtres humains. Ils sont sujets de leur propre vie : ce qui leur arrive leur importe. La mort à l'abattoir ou dans les filets de pêche est le dommage ultime, celui qui les prive de toutes les opportunités de jouir de la vie, de satisfaire leurs préférences. Cette forme d'abolitionnisme a des inclinations déontologistes.

Il faudrait encore, pour être plus complet, distinguer des formes d'abolitionnisme liées aux théories de la vertu et au contractualisme. Dans le premier cas, l'abolition est exigée parce que toute personne vertueuse jugerait vicieux de tuer un animal, alors qu'elle peut aisément faire autrement. Aristote comprend le vice non comme la pratique du mal en tant que tel, mais comme un manque d'excellence. Ce manque d'excellence détruit la possibilité d'être authentiquement heureux, c'est-à-dire épanoui en tant qu'être rationnel[3]. Dans le deuxième cas, le contractualisme, l'abolitionnisme est lié aux contrats que passeraient des contractants « originels » (cf. John Rawls) s'ils étaient placés dans des conditions de délibérations qui les contraignaient à l'impartialité[4].

Fin et moyens

Enfin, pour éviter une confusion de plus en plus courante, un dernier ensemble de distinctions mérite d'être fait. À l'instar du mouvement pour l'abolition de l'esclavage (humain), les abolitionnistes animalistes partagent des vues très différentes quant aux moyens légitimes de parvenir à cette abolition. Les uns sont en tout point légalistes (L214), d'autres inclinent à la désobéissance civile (269life), d'autres encore prônent le sabotage économique, les vitrines cassées (ALF). La violence physique contre les personnes est tout à fait déconsidérée dans le mouvement de la libération animale. Parmi les légalistes, certains sont « immé-

---

[3] Pour une position abolitionniste influencée par les théories de la vertu, voir Clark, S. (1977) *The Moral Status of Animals*, Oxford, Clarendon Press, 221 p. Chez les anciens, les grands textes classiques sont ceux d'Empédocle, Théophraste, Plutarque et Porphyre.

[4] Pour un abolitionnisme de type contractualiste, voir Rowlands, M. (2009) *Animal Rights: Moral Theory and Practice*, 2e éd., New York, Palgrave Macmillan, 234 p.

diatistes » (leur seule réclamation est l'abolition), d'autres sont gradualistes (procédant par étapes)[5].

Biologie et abolitionnisme : l'apport de Darwin

Dans les deux précédentes sections ont été proposées des définitions de l'éthique normative, de l'éthique animale, ainsi que des remarques visant à mieux comprendre la diversité des positions abolitionnistes, et leur convergence sur un point : l'abolition des abattoirs et de l'expérimentation. Dans ce qui suit, je montrerai que l'abolitionnisme puise ses arguments, voire ses conditions de possibilité, dans des champs très différents : biologie, nutrition, philosophie du droit.

S'agissant du premier de ces domaines, la biologie, c'est à la théorie de l'évolution qu'il est fait appel. James Rachels – qui n'est peut-être pas strictement abolitionniste – est néanmoins l'auteur d'un fameux ouvrage sur les implications de la théorie de Darwin en éthique animale : *Issus des animaux. Les implications morales du darwinisme*[6]. Selon Rachels, il y a tout simplement un avant et un après Darwin pour l'éthique appliquée :

> « Après Darwin, nous ne pouvons plus penser que nous occupons une place spéciale dans la création. Au lieu de cela, il nous faut prendre conscience que nous sommes les produits des mêmes forces évolutionnaires, qui travaillent aveuglément et sans but, qui ont formé le reste du royaume animal. (...) la moralité traditionnelle considère la vie humaine comme sacrée, et seulement la vie humaine, et elle tient l'amour de l'humanité comme sa première et plus noble vertu. Que devient tout cela, si l'homme n'est qu'un singe modifié ?[7] »

Rachels montre que la théorie de l'évolution détruit radicalement deux idées traditionnelles. (1) l'idée que l'homme est fait à l'image de Dieu et que c'est là l'origine de sa dignité ; (2) l'idée

---

[5] Sur ces distinctions, voir le très éclairant article de Tom Regan (2001) Understanding Animal Rights Violence. In : *Defending Animal Rights*, Chicago, University of Illinois Press, p. 139-149.

[6] Rachels, J. (1990) *Created from Animals. The Moral Implications of Darwinism*, Oxford, Oxford University Press, 252 p.

[7] *Ibid.*, p. 1.

que l'homme est le seul être doué de rationalité. Devant les ruines de la métaphysique théo-humaniste, la poussière et l'illusion retombées, Rachels appelle de ses vœux un « individualisme moral » : la façon dont on devrait traiter un individu « dépend de ses caractéristiques particulières », individuelles, « plutôt que de la question de savoir s'il ou elle est un membre de tel ou tel groupe préféré par ailleurs[8] ».

Singer et Regan s'appuient eux aussi sur la théorie de l'évolution de Darwin. Dans leur cas, il s'agit plus directement de répondre à l'objection mécaniste. L'abolition des abattoirs aurait-elle un sens, si les animaux n'éprouvaient rien, ni émotions, ni douleurs, ni sentiments ? Descartes remarque judicieusement que l'hypothèse de l'animal-machine a l'immense avantage de libérer ses lecteurs ainsi que l'église chrétienne de l'accusation de meurtre, de « les garantir même du soupçon de crime quand ils mangent ou tuent des animaux[9] ». Le lien entre sensibilité et statut moral est clair pour Descartes. La souffrance implique le ressenti ; mais si les animaux ressentent quoi que ce soit, alors ils ont une âme, un esprit (un « moi », dirait-on peut-être aujourd'hui). Il serait criminel de les tuer pour nos simples plaisirs gustatifs.

Pour faire pièce à la doctrine mécaniste – dont les behaviouristes, qui ne manquent pas de représentants chez les expérimentateurs, sont les principaux héritiers –, les spécialistes d'éthique animale puisent directement dans la théorie de l'évolution.

> « Il est sûrement déraisonnable de supposer que des systèmes nerveux presque identiques physiologiquement, qui ont une origine et une fonction évolutive communes, et résultent de formes similaires de comportements dans des circonstances similaires, opèrent en fait de manière tout à fait différente au niveau du ressenti subjectif[10]. »

---

[8] *Ibid.*, p. 5. Pour une analyse détaillée des positions de Rachels, voir Couturier, F. (2014) *Les implications morales du darwinisme. Une lecture de l'œuvre de James Rachels*, thèse de doctorat en philosophie, Université de Grenoble, 732 p.

[9] Descartes, *Lettre à Morus*, 5 février 1949.

[10] Singer, P. (1993) *La libération animale*, traduction française de L. Rousselle modifiée, Paris, Grasset, p. 43.

Singer ne s'attarde pas sur ce point, pas plus que Gary Francione, qui note tout de même en passant que seuls certains extrémistes religieux vont à l'encontre de la théorie de l'évolution[11]. Tom Regan, de son côté, prend très au sérieux le défi cartésien. L'une des remarques les plus inattendues de Regan, et les plus intéressantes, concerne l'inutilité de l'éthologie pour contrer l'objection mécaniste. Citer le cas des pies qui passent le test du miroir, ou, dans un autre genre, le chien de Mme Michu, qui a traversé toute la France pour retrouver celle-ci, est de peu d'utilité, si l'on n'a pas d'abord une théorie qui justifie l'attribution de croyances et d'émotions aux animaux. Plus des comportements semblent relever d'une complexité infinie – ou plus ils semblent parfaits, sans défaut –, plus il sera tentant de faire appel à une théorie mécaniste.

À la théorie de l'animal-machine, il ne peut être opposé qu'une autre théorie, écrit Regan, une théorie qui explique autrement le comportement des animaux. Contre Descartes, Regan joue la carte Darwin. Comment départager ces deux théories scientifiques ? La question est controversée, mais deux critères semblent essentiels au philosophe américain : la puissance explicative (il est raisonnable de choisir la théorie expliquant la plus grande gamme de faits), et la simplicité (il est raisonnable de retenir la théorie posant le moins d'hypothèses)[12]. Jugée sur ces deux critères, la théorie de Descartes est défaillante.

Tout d'abord, elle échoue à expliquer comment l'âme interagit avec le corps humain. Lorsqu'on pique mon corps (matériel) avec une aiguille, comment se fait-il que mon âme (immatérielle) ressente la douleur ? Descartes suppose l'existence d'une glande pinéale dont la fonction serait précisément d'opérer la jonction entre corps et âme. Mais cette réponse ne fait qu'éluder la question. Comment cette jonction est-elle possible ? Soit Descartes s'abstient de répondre, et sa théorie n'explique rien. Sa capacité explicative est nulle. Soit Descartes explique le sentiment de douleur par une doctrine « occasionnaliste », façon Malebranche.

---

[11] Francione, G. (2015) *Introduction aux droits des animaux*, traduction française de L. Gall, Lausanne, L'Âge d'Homme, p. 217-218.

[12] Regan, T. (2013) *Les Droits des animaux*, traduction française de E. Utria, Paris, Hermann, p. 96 (sect. I.3).

C'est Dieu qui, à l'image d'un standardiste omniscient et omnipotent, brancherait les câbles : une aiguille entre dans mon corps, et, à cette occasion précise, Dieu fait entrer la douleur dans mon âme. La théorie de Descartes s'effondre sous le poids de ce que seraient de telles hypothèses théologiques. La théorie de l'évolution, qui ne postule rien quant à l'âme et au corps, est bien plus simple.

En bref, la théorie de l'évolution semble être un passage obligé pour écarter cartésiens et autres béhavioristes. James Rachels a raison, la théorie de l'évolution a des implications morales.

Nutrition et abolitionnisme

Théorie non sacrificielle

Le deuxième domaine non philosophique dans lequel puise l'abolitionnisme est la science de la nutrition. Les êtres humains ont-ils, selon les abolitionnistes, le devoir de ne consommer aucun produit animal, quelles qu'en soient les conséquences pour leur santé ? Répondre par l'affirmative reviendrait à embrasser une théorie sacrificielle. Or, précisément, les abolitionnistes ne condamnent pas – pas à ma connaissance – la manducation de viande dans des conditions extrêmes de survie, de précarité absolue, lorsqu'il est impossible de se nourrir autrement. Certes, l'utilitarisme a un rapport privilégié avec le sacrifice. L'utilité générale passe avant les intérêts personnels. Si la vie d'un cheval était plus heureuse que la mienne (et Bentham accorde volontiers que la vie des animaux est généralement plus heureuse que la nôtre[13]), et si, sur une île déserte, l'un d'entre nous devait être sacrifié, alors, du point de vue de l'utilité générale, c'est ma mort qui devrait être privilégiée. Quant aux théories de la vertu, il est vrai aussi qu'elles mettent souvent en exergue la vertu d'abnégation. Se sacrifier pour un être plus vulnérable semble être louable. Dans un autre genre d'idée, Gandhi semble parfois prôner une forme de non-violence absolue, regrettant que son « cœur ne soit pas assez fort pour agir amicalement avec les créa-

---

[13] Bentham, J. (2007) L'absurdité sur des échasses, traduction française de J-P. Cléro. In : B. Binoche et J-P. Cléro (eds.) *Bentham contre les droits de l'homme*, Paris, PUF, p. 34.

tures que l'on sait destructrices[14] » (par ex., des chiens enragés). Si la vertu, l'excellence la plus haute, est de ne jamais faire preuve de violence, alors peut-être exige-t-elle le sacrifice de soi dans des situations de rareté alimentaire.

Ces points de vue (pacifisme absolu) ou ces situations (îles désertes) sont néanmoins l'exception. Les abolitionnistes ne prennent pas le chemin du sacrifice. Nombreux sont prêts à concéder qu'il nous est loisible de tuer pour nous nourrir, si cela est nécessaire au sens strict – si nous ne pouvons véritablement faire autrement. Mais, justement, notent-ils, nous pouvons faire autrement. Et il est aisé de faire autrement. C'est la science de la nutrition qui nous l'indique.

Nutrition et véganisme

S'agissant du végétarisme, même les professionnels de la nutrition les plus sceptiques reconnaissent que ce régime « permet de respecter l'ensemble des besoins physiologiques et pourrait être meilleur pour la santé au long cours[15] ». S'agissant du véganisme, la question est controversée, du moins en France. Une fameuse brochure anti-végane, à destination des adolescents français, « Mangez, Bougez », est disponible dans tous les CHU, téléchargeable sur le site du gouvernement[16], soutenue par les organismes les plus significatifs : de l'Institut National de Prévention et d'Éducation pour la Santé (INPES) à l'Agence Française de Sécurité Sanitaire des Aliments (AFSSA), en passant par le Ministère de la Santé. Cette brochure exhorte ses lecteurs à « ne surtout pas suivre ce régime », car il impliquerait des carences en protéines, en fer et en calcium.

---

[14] Gandhi (2014) Ages-Old Problem, traduction française de F. Burgat. In : Burgat, F. *Ahimsā. Violence et non-violence envers les animaux en Inde*, Paris, Maison des sciences de l'homme, p. 181. Voir aussi p. 183, 3e alinéa.

[15] Martin, A. (2012) Viande. Point de vue du nutritionniste. In : Poulain, J-P. (eds.), *Dictionnaire des cultures alimentaires*, Paris, PUF. Voir aussi Martin A. (2001) Apports nutritionnels conseillés pour la population française, 3e éd., Technique et documentation, p. 271 ; Darmon, M. et Darmon, N. (2008) L'équilibre nutritionnel. Concepts de base et nouveaux indicateurs. Le SAIN et le LIM, Technique et Documentation, p. 70.

[16] Voir le site : https://solidarites-sante.gouv.fr/IMG/pdf/guide_ado.pdf (consulté le 01/11/2018).

Fer, calcium, protéines

Soit les rédacteurs de cette brochure, que l'on pourrait qualifier de « tract », sont à la solde de l'industrie de la viande (et l'on sait l'influence de ces lobbys sur les gouvernements[17]), soit ils sont ignorants, ce qui serait tout de même étonnant. Le règne végétal contient de nombreuses sources de calcium : choux, légumineuses, légumes verts à feuilles, amandes, fruits secs[18]. Les végétaux contiennent aussi de très bonnes sources en fer (soja, lentilles, haricot blanc, pois chiche, etc.). Le fer végétal a simplement la qualité de son défaut : il est extrêmement sensible, tout autant aux nutriments qui facilitent son absorption qu'à ceux qui l'inhibent. Puisque la vitamine C est un facilitateur, et la caféine un inhibiteur, le végane préfèrera accompagner ses lentilles d'un jus d'orange plutôt que d'un thé[19]. Quant au défaut de protéines, c'est tout simplement un mythe. Les végétaux contiennent des protéines de haute qualité. Il est simplement recommandé de combiner céréales et légumineuses pour avoir de bons apports en lysine et *méthionine (deux acides aminés essentiels)*[20].

Vitamine B_{12}, vitamine D, iode, oméga-3

Non seulement cette brochure gouvernementale est obsolète, mais, ne mentionnant pas le problème *potentiel* de la vitamine B_{12}, elle s'avère dangereuse. Cette dernière, absente du règne végétal, est produite uniquement par des bactéries[21], dans l'appareil digestif des animaux humains et non humains.

---

[17] Lévêque, T. (2017) *Étude du Lobby de la viande*, Master 2, Intelligence économique et Stratégies compétitives, université d'Angers. Disponible sur le site : https://master-iesc-angers.com/etude-du-lobby-de-la-viande (consulté le 01/11/2018).

[18] Melina, V., Craig, W., Levin, S. (2017) Position de l'Académie de nutrition et de diététique au sujet de l'alimentation végétarienne, traduction française de A. Le Roux-Marini et S. Pantel, p. 3. Disponible sur le site : https://www.vegetarisme.fr/wp-content/uploads/2017/02/Vegetarisme-Position-2016-AND-version-francaise-1.pdf (consulté le 01/11/2018). Texte original : Melina, V., Craig, W., Levin, S. (2016) Position of the Academy of Nutrition and Dietetics: Vegetarian Diets. *Journal of the Academy of Nutrition and Dietetics*, 116 (12) : 1970-1980.

[19] *Ibid.*, p. 2.

[20] *Ibid.*, p. 1.

[21] Pascaud, M. *Vitamines*, Encyclopædia Universalis [en ligne].

L'organisme de l'être humain (moderne) produit bel et bien de la vitamine B_{12}, mais seulement dans la section terminale de l'intestin, ce qui ne lui permet pas de l'absorber[22]. Une carence grave peut avoir des conséquences funestes : paralysie et mort. Les véganes sont donc tenus de consommer de la vitamine B_{12} produite par ces mêmes bactéries, non pas *in vivo*, mais *in vitro*. En ce sens, la découverte de la vitamine B_{12}, et sa synthèse, sont une condition de possibilité de l'abolitionnisme dans les sociétés modernes industrielles. (Ailleurs, d'autres sociétés, comme celle des Bishnoï, produisent du lait sans tuer les vaches. La question de savoir si ces sociétés peuvent ou non être dites abolitionnistes est de peu d'intérêt. La question principale est de savoir si leur rapport aux animaux est admirable ou non, bon ou mauvais, juste ou injuste.)

Les mêmes remarques pourraient valoir pour la vitamine D, l'iode, les oméga-3, non mentionnés par la brochure. La vitamine D peut être « naturellement » synthétisée par la peau si elle est suffisamment exposée au soleil[23]. Une supplémentation est recommandée pour plus de la moitié de la population (végane ou non), qui est carencée, en raison de l'exposition moindre au soleil l'hiver. Les quantités d'iode sont plus importantes sur certaines terres, notamment à proximité des océans[24]. Et les oméga-3 *à chaîne longue*, qu'on retrouve très peu dans les végétaux, peuvent être synthétisés par le corps humain en convertissant les oméga-3 *à chaîne courte*, présents dans certaines huiles végétales, par exemple l'huile de lin, de chanvre, de noix, de colza[25].

Reconnaissance internationale

Contrairement à ce que les brochures des professionnels de santé français tentent de faire croire, un régime végane équilibré,

---

22 Norris, J., Messina, V. (2011) *Vegan for Life. Everything You Need to Know to Be Healthy and Fit on a Plant-Based Diet*, Cambridge, Da Capo Press, p. 28. Voir aussi l'article de *Wikipedia*, « Vitamine B_{12} », qui précise que chez certains herbivores comme les lapins « la multiplication bactérienne a lieu vers la fin des intestins, ce qui ne leur permet pas d'avoir le temps d'absorber la vitamine B_{12}. Pour obtenir leur vitamine B_{12}, ces animaux consomment leurs cæcotrophes ou crottes molles » (consulté le 01/11/2018).

23 Melina, V., Craig, W., Levin, S. (2017) *Ibid.*, p. 3.

24 Norris, J., Messina, V. (2011) *op. cit*, p. 71.

25 Norris, J., Messina, V. (2011) *op. cit*, p. 53.

adéquatement supplémenté, est bon pour la santé, à tous les âges de la vie. Cette conclusion est celle de la plus grande association de professionnels de la nutrition, l'*Academy of Nutrition and Dietetics*, qui comprend plus de 70 000 membres diététiciens et nutritionnistes[26]. Cette position, référence mondiale dans le domaine, est reprise mot pour mot dans les recommandations alimentaires officielles du gouvernement australien :

> « Les régimes végétariens planifiés de manières appropriées, y compris le végétarisme total ou le véganisme, sont sains et nutritionnellement adéquats[27]. »

Les recommandations nationales anglaises vont dans le même sens :

> « Un régime végétarien ou végane peut convenir à tout le monde, quel que soit l'âge. Cependant, vous pouvez avoir besoin de prendre en compte des besoins spécifiques à différents stades de la vie, par exemple si vous êtes enceinte[28]. »

Enfin, preuve que ces jugements sont de plus en plus reconnus, ils sont « mis en application » dans certains pays. Le Portugal oblige, depuis 2017, tous les établissements publics portugais à proposer une option végane dans les cantines publiques : écoles, universités, hôpitaux, prisons[29].

Argument du naturel

Ne peut-on opposer à l'abolitionnisme son manque de naturel, si, dans nos sociétés, l'abolitionnisme repose sur la production *in*

---

[26] Melina, V., Craig, W., Levin, S. (2017) *op. cit.*, p. 1.

[27] *National Health and Medical Research Council, Australian Dietary Guidelines*, Canberra, National Health and Medical, 2013 (en ligne). Le titre p. 2 indique « Eat for Health. Australien Dietary Guidelines. Providing the Scientific evidence for healthier Australian diets ».

[28] Voir le site : https://www.nhs.uk/live-well/eat-well/healthy-eating-vegetarians-vegans (consulté le 01/11/2018).

[29] « La Loi n°11/2017 établit l'existence obligatoire d'une option végétarienne dans les menus des cantines et des cantines publiques. (…) On entend par "option végétarienne" un repas ne contenant aucun produit d'origine animale. » Voir le site : https://data.dre.pt/eli/lei/11/2017/04/17/p/dre/pt/html (consulté le 01/11/2018).

vitro de vitamines B_{12} et D ? S'il repose sur la production par la *Vegan Society* anglaise, entre autres, d'une pastille au goût de bonbon enrichie de ces quelques nutriments ? Une première réponse à portée de main est que les bactéries qui produisent de la vitamine B_{12} *in vitro* ne sont pas moins naturelles que celles qui la produisent dans l'intestin des animaux. Néanmoins, pour le plaisir de développer l'argument, supposons que la vitamine B_{12} *in vitro* soit moins naturelle que celle dérivée des abattoirs. *Tu quoque mi fili*, toi aussi mon fils, est alors la réponse des abolitionnistes. Les laitages ne sont une source de vitamine D que lorsque les industriels supplémentent leur production. Les taux de vitamine D, écrit Ambroise Martin, « sont insuffisants en hiver dans les pays qui n'assurent pas une supplémentation courante des laits et des laitages, comme c'est le cas en France[30] ». De même, la viande ne constitue une source fiable de vitamine B_{12} que parce que l'industrie injecte des suppléments de vitamine B_{12} dans l'alimentation des animaux d'élevage. Comme le résume David Olivier,

> « les [véganes] prennent de la B_{12} fabriquée en usine, tandis que les omnivores prennent de la B_{12} fabriquée en usine et emballée par la viande des animaux[31]. »

Plus fondamentalement, les abolitionnistes dénoncent le sophisme qu'est l'argument du naturel, ce sophisme que les spécialistes de philosophie morale appellent couramment, à la suite de G. E. Moore, le « fallace naturaliste ». Pour le dire très brièvement, le sophisme ou fallace naturaliste consiste à déduire le « devoir être » de l'être. Une chose est X, *donc* elle doit être X, dit le sophisme. Vous êtes naturellement roux, *donc* vous devez être roux, rester roux. Vous avez peur des étrangers, *donc* vous devez continuer à en avoir peur. Le cancer existe, donc il doit continuer d'exister. Cette forme d'argumentation est au mieux une erreur, au pire une supercherie. À l'évidence, ce n'est pas parce que quelque chose est de telle ou telle façon qu'elle doit l'être. Arguer que les humains sont omnivores par nature est le

---

[30] Martin, A. (2001) *op. cit.*, p. 304.

[31] Olivier, D. (2012) Les animaux emballages. *Cahiers antispécistes*, n° 34, [en ligne].

même genre d'erreur, ou de faute. Comme le rappelle Stephen Clark, « ce qui a été n'est pas ce qui doit être, ni nécessairement ce qui devrait être. Nous pouvons changer nos modes de vie, et devons le faire s'ils sont mauvais[32] ».

Enfin, et pour en finir avec l'argument du naturel, les abolitionnistes soutiennent que le « naturel » – défini, par exemple, comme ce qui est laissé intact par l'homme – n'est pas un bien intrinsèque pour l'humanité. Les astéroïdes qui menacent de s'écraser sur la terre, l'explosion du soleil dans 5 milliards d'années, les typhons, les tremblements de terre, les éruptions volcaniques, le cancer, ne sont pas bons intrinsèquement pour l'humanité. Le naturel, le non artificiel, n'est pas le critère du bon. Ce qui est bon en matière de nutrition humaine, ce n'est pas le naturel ou l'artificiel, ce sont certains nutriments dans certaines proportions, quelle que soit leur origine. La nutrition n'est qu'une affaire de nutriments.

Concept de droit et abolitionnisme

Pourquoi Regan et Francione recourent au concept de droit

Le troisième grand domaine auquel les abolitionnistes empruntent est celui du droit, ou plus précisément celui de la philosophie du droit. Pourquoi la majorité des abolitionnistes éprouvent-ils le besoin d'utiliser le concept de « droit », et pas seulement celui de devoir ? Dans *The Case for Animal Rights* (*Les Droits des animaux*, en traduction française[33]), Regan estime qu'une théorie déontologiste du droit est la seule perspective à même de rendre compte adéquatement du mal radical qu'est l'abattage. L'utilitarisme implique la soumission à un impératif moral absolu : maximiser l'utilité. Le langage des droits y est presque superfétatoire. Dans l'utilitarisme classique, dit hédoniste, auquel souscrivait encore récemment Peter Singer[34], l'utilité est promue maximalement lorsqu'est choisie l'action susceptible de produire le solde maximal de plaisirs et de douleurs. Regan reproche à l'utilitarisme de justifier le meurtre trop

---

32 Clark, S. (1977) *op. cit.*, p. 177.

33 Regan, T. (2013) *op. cit*

34 Telle est sa dernière position connue. Voir également Singer, P. (2016) Afterword. In : Visak, T. et Garner, R. (eds.) *The Ethics of Killing Animals*, Oxford, Oxford University Press, p. 229-235.

facilement. Si l'on pouvait tuer Tante Béa dans son sommeil, de manière indolore, en secret, de manière à ne pas éveiller panique et angoisse dans la population, tout cela en vue de détourner son héritage et de fonder un orphelinat au Cambodge, les conséquences ne seraient-elles pas optimales, l'utilité maximisée ?[35] Même question pour le meurtre d'un éléphant, dont les défenses seraient vendues plusieurs centaines de milliers d'euros sur le marché noir. L'utilitarisme ne propose pas le genre de protection inflexible dont sont en quête des abolitionnistes comme Regan et Francione.

Regan s'en prend également à ce qu'il appelle la théorie de la « cruauté / bonté », qui ressemble à s'y méprendre à une théorie rudimentaire de la vertu. Si le seul devoir de ne pas être cruel régit notre rapport aux autres animaux, s'il suffit de ne pas être cruel pour bien agir à l'endroit des animaux, et si ne pas être cruel consiste simplement à ne pas jouir de la souffrance d'un animal, ou à ne pas être indifférent à sa souffrance (ou à sa mort), cela est grossièrement insuffisant. Cette moralité de l'intention est inadéquate[36]. Emmener ses cochons à l'abattoir est radicalement injuste, même si notre intention n'est pas de les faire souffrir, même si l'idée de les tuer nous déplaît[37].

Enfin, Regan critique les théories contractualistes de Jan Narveson et John Rawls. Dans le premier cas, les théories contractualistes ne peuvent rendre compte du mal moral que constitue l'abattage des animaux (et le meurtre des incapables juridiques humains) qu'en les protégeant indirectement. Puisque ni les uns ni les autres ne peuvent contracter, ils n'ont aucun droit. En revanche, les propriétaires jouissent de la protection de leurs propriétés. Dans le second cas, la théorie rawlsienne ne parvient pas à justifier l'attribution de droits aux handicapés men-

---

[35] Sur le meurtre de Tante Béa (avec un scénario légèrement différent), voir Regan, T. (2010) *Pour les droits des animaux*, traduction française de E. Moreau. In : Afeissa, H-S. et Jeangène Vilmer, J-B. (eds.) *Philosophie animale. Différence, responsabilité et communauté*, Paris, Vrin, p. 174 *sq*. Paru préalablement en 1992 dans *Cahiers antispécistes*, n° 5, [en ligne].

[36] Regan, T. (2013) *op. cit.*, p. 404.

[37] Stephen Clark propose, à mon sens, une théorie de la vertu, abolitionniste, qui ne se résume pas à une simple moralité de l'intention.

taux humains profonds. Ces théories sont donc rejetées par l'auteur des *Droits des animaux*.

Pour ces raisons cumulées – la faillite des autres théories morales à l'endroit des animaux, mais aussi des incapables juridiques humains –, Regan juge que seule une théorie reconnaissant des droits moraux fondamentaux à tous les « sujets-d'une-vie »[38], humains et animaux, est acceptable. La majeure partie de l'entreprise reganienne consistera donc à défendre l'idée que les animaux ont des droits moraux fondamentaux.

Gary Francione, l'autre grande voix abolitionniste, apporte une autre réponse, davantage centrée sur les droits légaux. En Occident, l'ontologie du droit est dualiste. Tout être est soit une chose, soit une personne. Les êtres humains sont des personnes ; les animaux, des « choses », des biens. En France, les animaux domestiques semblent appartenir à une troisième catégorie, celle des êtres sensibles, qui ne sont donc pas tout à fait des choses, mais qui, curieusement, doivent être traités comme des choses. Pour Francione, tout système tripartite est voué à l'échec[39]. Les « choses plus » ou les « quasi-personnes », comme le furent les esclaves, ont toujours été traitées comme des choses. Les juges ne prendront jamais au sérieux les intérêts des animaux lorsque leurs intérêts entreront en conflit avec ceux des êtres humains. Entre les intérêts des « choses », ou des « choses plus », ou des demi-personnes », dépourvues de toute forme de droits, et les intérêts des « personnes », protégés par des droits, les jugements seront toujours prédéterminés[40]. C'est pourquoi l'abolition de l'exploitation animale implique nécessairement la reconnaissance de droits fondamentaux aux animaux. Appeler simplement au « bon traitement » des animaux, à la gentillesse, ne sera pas suffisant.

Théorie de l'intérêt / théorie de la volonté

Regan et Francione ont besoin du concept de droit pour obtenir le type de protection forte recherchée. C'est cependant une

---

[38] Pour le dire très brièvement, les sujets-d'une-vie sont les individus, capables de croyances, d'émotions, de sensibilité. Ils sont conscients, ont une unité psycho-physique.

[39] Francione, G. (2015) *op. cit.*, p. 192.

[40] Francione, G. (2015) *op. cit.*, p. 128.

chose que d'en avoir besoin, et une autre d'en montrer la légitimité. N'est-il pas absurde de penser que des êtres incapables de réciprocité morale, de s'acquitter d'obligations légales, peuvent bénéficier de droits ? Pour répondre à cette question, il faut faire un détour par la *fonction* des droits, par ce que font les droits pour ceux qui en ont. Deux théories majeures s'affrontent sur ce point. La première est une théorie dite du choix ou de la volonté : les droits ont pour fonction de protéger une capacité à faire des choix (contractuels), une volonté rationnelle, une capacité à s'autodéterminer moralement. Hobbes, Kant, Savigny, Hart, Kelsen, Wellman en sont de fameux partisans. Dans cette perspective, il n'y a effectivement aucun sens à dire que des êtres incapables de réciprocité morale, ou de contrat, ont des droits. La deuxième théorie est dite de l'intérêt. La fonction d'un droit est de protéger les intérêts d'un individu. En conséquence ne peuvent être titulaires de droits que les êtres qui ont des intérêts, un bien-être. Bentham, Ihering, Austin, Lyons, Raz en sont des promoteurs de premier plan.

Regan et Francione, tous les deux déontologistes, donc plutôt proches de Kant, vont néanmoins s'appuyer sur les analyses de l'ennemi juré, Bentham. Juriste de génie, constatant la réalité du droit, son fonctionnement réel, Bentham juge qu'avoir un droit est avoir un « intérêt protégé » par le législateur. Plus exactement, avoir un droit est avoir un *intérêt protégé directement* par le législateur. C'est être le « bénéficiaire désigné (*intended*) de l'exécution[41] ». Si les enfants, les handicapés mentaux, les aliénés peuvent avoir des droits – et ils en ont, et il est juste qu'ils en aient –, c'est parce que le législateur protège *directement* leurs intérêts fondamentaux. C'est ce fait qui donne la victoire aux théories de l'intérêt sur les théories de la volonté. C'est ce fait qui montre que la réciprocité morale n'est pas une condition nécessaire pour avoir des droits.

Argument du potentiel

Il n'en reste pas moins un argument de choix pour affirmer que *tous* les êtres humains ont des droits, contrairement aux

[41] Hart, H. L. A. (1982) Legal Rights. In : *Essays on Bentham: Studies in Jurisprudence and Political Theory,* Oxford, Clarendon Press, p. 168 et p. 175-181.

autres animaux. Il existe une différence pertinente, essentielle, entre les premiers et les seconds, une différence telle, pensent les humanistes, qu'elle légitime la reconnaissance de droits pour les uns, et leur négation pour les autres. Tous les êtres humains seraient rationnels, autonomes moralement, capables de choix rationnels, si les aléas de la vie ne les avaient pas handicapés. Tous sont *potentiellement* rationnels. C'est aussi l'argument favori des opposants à l'avortement.

Les abolitionnistes répondent qu'il s'agit là d'une erreur de logique. Les capacités potentielles ne donnent lieu qu'à des droits potentiels. C'est ce que remarque le philosophe néokantien Tristram Engelhardt Jr. (qui ne peut définitivement pas être suspecté de sympathie à l'endroit des animaux) :

> « Si X est potentiellement Y, il suit que X n'est pas Y. Si les fœtus sont des personnes potentielles, il suit clairement que les fœtus ne sont pas des personnes. Par conséquent, X n'a pas les droits en acte de Y, mais il a seulement potentiellement les droits de Y.[42] »

Dit plus simplement, nous sommes tous potentiellement présidents de la République, mais, en attendant de l'être, nous n'avons pas le droit d'appuyer sur le bouton nucléaire[43]. Nous n'avons qu'un droit potentiel. C'est-à-dire pas de droit. En outre, comme l'écrit ironiquement Steven Wise, professeur de droit à Harward, si le concept de potentialité était pris au sérieux, nous devrions traiter les êtres humains (qui sont mortels, potentiellement morts donc) comme s'ils étaient déjà des cadavres...[44] L'argument du potentiel est une inférence fautive qui confine à l'absurde. Il sombre avec les théories de la volonté et du choix.

C'est dans ce contexte que les abolitionnistes soutiennent que les animaux ont des droits moraux fondamentaux. Sauf cas d'extrême souffrance, inapaisable, il est dans leur intérêt de con-

---

[42] Engelhardt, T. Jr. (2015) *Les Fondements de la bioéthique*, traduction française de J-Y. Goffi. Paris, Les Belles Lettres, p. 199.

[43] Feinberg, J. (1986) Abortion. In : Regan, T. (ed.) *Matters of Life and Death: New Introductory Essays in Moral Philosophy*, 2e éd., New York, McGraw-Hill, p. 66-67.

[44] Wise, S. M. (2003) *Drawing the Line: Science and the Case for Animal Rights*, New York, Basic Book, p. 32-33.

tinuer à vivre. Ce qui vaut pour les incapables juridiques humains vaut également pour eux. Ils manifestent le même *mode d'existence*, la même forme de *subjectivité*. Si les uns ont des droits fondamentaux – et toute théorie morale digne de ce nom doit leur en reconnaître –, les autres doivent en avoir. C'est le fameux argument des « cas marginaux ». Les abolitionnistes défendent les droits des animaux parce qu'ils sont des défenseurs des droits humains.

Argument de la prédation

On objectera peut-être que ce qui précède a toutes les apparences de la rationalité, mais relève d'une absurdité majeure. Si les gazelles ont le droit de ne pas être tuées, les lionnes ont-elles le devoir de ne pas les tuer ? Non, à l'évidence, répond Regan. Les lionnes n'ont pas les concepts de droits et de devoirs. Elles ne violent donc aucun droit lorsqu'elles attaquent leurs potentielles proies. Mais, alors, continuera-t-on d'objecter, s'il est vrai que les gazelles n'ont aucun droit contre les lions, n'ont-elles pas un droit d'assistance tourné vers les êtres humains ? Regan pense que les prétentions à l'assistance ne donnent naissance à des droits que lorsqu'il y a injustice entre celui qui cause des dommages et celui qui les subit. Or, pour Regan, il ne peut y avoir d'injustice entre les gazelles et les lionnes. D'abord, parce que ni les unes ni les autres n'ont le concept de justice. Ces animaux ne sont pas des agents moraux. Ensuite, parce que les lionnes, étant carnivores, ne peuvent faire autrement. Est-ce à dire que nous n'aurions aucun devoir d'assistance envers un enfant menacé par une lionne ? Envers notre chat, malmené par un enfant ? Certes, aucune injustice ne serait commise entre eux. Mais Regan aurait peut-être répondu, si cette objection lui avait été faite, que les personnes qui veillent sur cet enfant, sur ce chat, ont, quant à eux, un devoir d'assistance, précisément parce qu'ils sont responsables de cet enfant, de ce chat. Nos relations spéciales (d'amitié, de responsabilité) appellent des « obligations spéciales », des obligations supplémentaires. Il est permis de penser que le concept de responsabilité collective implique aussi de telles obligations.

Conclusion

Il convient, pour achever ce propos, de nuancer ce qui a été dit. Certes, les abolitionnistes ont recours à la nutrition, à la théorie de l'évolution et à une réflexion sur ce que c'est que d'avoir des droits. Mais Empédocle, Théophraste, Plutarque, Porphyre, et tant d'autres dont les textes ont été perdus, n'ont pas attendu Darwin pour savoir que les animaux étaient des êtres sensibles, avaient un bien-être, *existaient* sur un mode comparable à celui des enfants, l'autonomie pratique en plus. Les anciens n'ont pas attendu le développement du concept de droit subjectif, si tant est qu'ils en aient été privés, pour condamner sans ambages l'exploitation animale. Il se trouve simplement que Darwin et Bentham (et Feinberg, et tant d'autres), mais aussi les éthologues, offrent des arguments *décisifs supplémentaires* pour lutter contre les cartésiens et les sophistes, pour balayer l'ombre d'irrationalité qui planait encore sur le régime pythagoricien et le Maître de Samos.

Chapitre V

La recherche animale : de l'animal-objet à l'animal sensible

Georges Chapouthier

Dans beaucoup de civilisations, l'animal a été humanisé, voire divinisé. À la suite de Descartes et son élève Malebranche, la pensée occidentale a préféré opter pour le modèle de l'animal-objet, qui a guidé toutes les recherches en biologie animale bernardienne. Par un original retour des choses, les résultats mêmes de la recherche animale ont montré de nombreuses ressemblances entre l'homme et les animaux, aussi bien dans les domaines « naturels » (génétique, anatomie, physiologie, pathologie...) que dans les domaines culturels, où l'éthologie moderne a souligné la proximité de l'être humain et de certains animaux. La théorie de l'évolution a fait de l'espèce humaine une espèce animale parmi d'autres. La plupart des animaux sont des êtres dotés, comme l'homme, d'une sensibilité nerveuse et sont proches de l'être humain sans lui être exactement identique. Certains animaux « céphalisés » possèdent, comme l'être humain, des aptitudes à la douleur et à la souffrance consciente. Cette conception moderne de l'animal sensible amène à envisager la recherche animale sous un tout autre angle que la conception traditionnelle occidentale de l'animal–objet et à faire davantage de place à la réflexion morale. La notion de « droits de l'animal », telle qu'elle est comprise par la Déclaration Universelle des Droits de l'Animal, pourrait être une bonne manière d'aborder cette question dans les états de droit.

Trois conceptions de l'animal

En ce qui concerne les rapports de l'homme et de l'animal existent fondamentalement trois grandes conceptions : l'animal humanisé, l'animal-objet et l'animal être sensible[1].

---

[1] Chapouthier, G. (1990) *Au bon vouloir de l'homme, l'animal*. Paris, Denoël, 260 p.

L'animal humanisé a été la conception la plus répandue au cours de l'histoire des civilisations. Elle consiste à penser que l'animal est une sorte de « petit homme », ou d'homme modifié. En Europe, un exemple frappant en est fourni par les procès d'animaux, qui eurent lieu du Moyen Âge jusqu'au XVIIIe siècle. Lorsqu'un animal avait blessé ou tué un être humain, il était, jugé par un tribunal comme un être humain et défendu par des avocats, avant, souvent, une condamnation à mort. L'exemple le plus extrême est sans doute, au temps de Louis XII, le procès des rats. L'évêque d'Autun avait assigné les rats au tribunal, car ils transmettaient la peste. Il voulait les faire excommunier. Il perdit son procès, comme l'a relaté ultérieurement, dans son ouvrage *Catalogus gloriae mundi*, l'avocat des rats, Barthélémy Chassanée[2]. Dans le même ordre d'idées, l'assimilation de l'animal à l'homme est un thème courant des fables ou des contes, ainsi que des expressions populaires : « courageux comme un lion » ou « rusé comme un renard ».

Dans la plupart des grandes religions polythéistes, les animaux ne sont pas seulement humanisés ; ils sont aussi divinisés. Il n'y a pas de frontière très nette entre les animaux, les hommes et les dieux. En témoignent aussi bien Quetzalcoatl, le serpent à plumes du Nouveau Monde que Ganesh, le dieu éléphant hindou des marchands et des voyageurs ou la profusion des dieux animaux de l'Égypte ancienne. Ainsi, en Égypte, Hathor, déesse du bonheur, est figurée comme une vache ou une femme aux oreilles de vache ; Anubis, dieu des cimetières, est un chien ou un homme à tête de chien ; Thot, secrétaire des dieux, a une tête d'ibis ou un corps de babouin, etc. Dans la Grèce antique, dont nous sommes les héritiers, beaucoup de divinités mineures ont des parties animales (centaures, harpies, le dieu Pan avec ses pattes de bouc) et les dieux principaux, comme Zeus, n'hésitent à pas à se changer en animaux pour séduire des femmes mortelles !

À cette divinisation de l'animal, il faut aussi relier la métempsycose, c'est-à-dire la croyance qu'après la mort, l'âme humaine peut se réincarner dans un corps animal. Beaucoup des religions polythéistes croient dans la métempsycose, comme toutes les

---

[2] Brunois, A. (1984) L'animal sujet du droit. In : *Les droits de l'animal et la pensée contemporaine*. Paris, Ligue Française des Droits de l'Animal, p. 41.

grandes religions contemporaines de l'Asie (hindouisme, bouddhisme, jaïnisme, et toutes leurs variantes), mais aussi les religions de la Grèce antique : le grand philosophe Platon partageait cette croyance avec le philosophe et mathématicien Pythagore.

L'animal-objet est la conception la plus répandue dans l'Occident des derniers siècles. Dans le passé, elle a longtemps été contemporaine de l'animal humanisé. À des époques anciennes où les esclaves, voire les femmes et les enfants, avaient un statut d'objet, il n'était pas difficile de faire cohabiter les deux notions. De nos jours, en revanche, les deux notions sont clairement antagonistes, surtout depuis le développement, au XVIIe siècle, de la philosophie de René Descartes[3], qui consacre, en Occident, la croyance dans l'animal-objet. Pour Descartes, les corps, des animaux comme des hommes, sont des objets. Cette conception matérielle du corps s'est avérée utile, sur le plan épistémologique, en donnant des bases à la biologie, qui analyse justement les corps comme des systèmes matériels. Les principes en seront formulés ultérieurement, au XIXe siècle, par Claude Bernard[4]. Mais Descartes ne s'arrête pas là : outre son corps, l'homme possède une âme qui relève de Dieu. C'est le dualisme cartésien de l'âme et du corps. L'animal, en revanche, dépourvu d'âme selon Descartes, est un automate, un objet, que Descartes rapproche, maladroitement, des automates simplistes de son époque. Succès épistémologique dans sa dimension matérialiste du corps, la philosophie de Descartes conduit sur ce point, à un désastre moral : la négation de toute sensibilité aux animaux. Cette position, juste esquissée chez Descartes, sera poussée à l'extrême par son élève Malebranche.

On peut toutefois remarquer que, si cette conception cartésienne de l'animal-objet est devenue dominante dans la pensée philosophique de l'Occident (et y a laissé des traces jusqu'à au-

---

[3] Chapouthier, G. (2000) Impact de l'animal-machine sur la biologie moderne : triomphe épistémologique et désastre moral. In : *L'esprit cartésien*. Actes du XXVIe Congrès de l'Association des Sociétés de Philosophie de Langue Française (ASPLF), Paris, 30 août-3 septembre 1996. Paris, Vrin, Tome II, p. 742-744.

[4] Bernard, C. (2013) *Introduction à l'étude de la médecine expérimentale*. Paris, Flammarion,, 381 p.

jourd'hui), elle n'a jamais fait l'unanimité. Les personnes de bon sens la contestaient déjà à l'époque même de Descartes. Ainsi Madame de Sévigné[5] qui écrivait, à propos des animaux :

> « Des machines qui aiment, des machines qui ont une élection pour quelqu'un, des machines qui sont jalouses, des machines qui craignent. Allez, allez, vous vous moquez de nous ; jamais Descartes n'a prétendu nous le faire croire. »

Et un peu plus tard, au XIXe siècle, la femme et les filles de Claude Bernard se sont fortement opposées aux expériences du biologiste, qu'elles considéraient comme cruelles chez des animaux dont elles pressentaient, avec bon sens, la sensibilité, au point qu'une partie de l'héritage du pape de la vivisection a été attribuée, par elles, à sa mort, à un cimetière pour chiens[6].

L'animal être sensible est la seule position cohérente avec la science d'aujourd'hui. Il est très intéressant de noter que c'est par un retour inattendu de la science elle-même que l'on est arrivé à cette conception moderne. L'analyse expérimentale du corps, permise par la conception cartésienne du corps-objet, que nous venons de voir, a été abondamment développée par la biologie bernardienne. Mais à force d'analyser les corps animaux et les corps humains, on s'est aperçu qu'ils se présentaient et fonctionnaient de la même manière sur les plans génétiques, anatomiques, physiologiques ou même pathologiques ; ils étaient très proches, sans être rigoureusement identiques. En ce qui concerne la sensibilité, des processus de sensibilité nerveuse aux agents pouvant nuire à l'organisme, dits processus de « nociception », se rencontraient dans la plupart des groupes animaux[7]. D'ailleurs finalement la théorie de l'évolution expliquait que cette grande proximité entre les animaux et l'homme dérivait tout simplement d'une origine commune.

---

[5] Debu-Bridel, J. (1980) *Un vieil homme et sa caniche.* Paris, France-Empire, p. 65.

[6] Grmek, M. D. (1973) *Raisonnement expérimental et recherches toxicologiques chez Claude Bernard.* Genève-Paris, Droz, p. 362

[7] Chapouthier, G. (2008) La douleur : des animaux à l'homme. In : Van der Kemp, T., Nouët, J. C. (eds.) *Homme et animal : de la douleur à la cruauté.* Paris, L'Harmattan, p. 25–38.

En ce qui concernait la « nature », l'homme et les (autres) animaux étaient donc extrêmement proches. Mais l'opposition cartésienne se manifestait encore sous une autre forme : si homme et (autres) animaux se ressemblaient certes physiquement, dans la structure et le fonctionnement de leurs corps, l'être humain, du fait de son puissant cerveau, était, selon les postcartésiens, le seul à disposer d'une vraie conscience et, par la suite, d'une vraie aptitude à souffrir. Il faut d'ailleurs remarquer que la même thèse erronée a été longtemps appliquée aux nourrissons humains : puisqu'ils ne parlaient pas, ils étaient supposés ne pas souffrir et, jusque dans les années 1980, ils étaient opérés en chirurgie sans anesthésie.

De même, selon la thèse cartésienne modifiée, l'animal (autre que l'homme), qui ne parlait pas, ne possédait ni de culture, ni d'intelligence supérieure, ni finalement de « vraie conscience ». Pour démontrer l'existence, chez certains animaux, de souffrance comparable à celle des êtres humains, il nous faut donc réfuter cette thèse postcartésienne. Les résultats des études modernes d'éthologie et de neurobiologie ont en effet largement infirmé ce dernier retranchement postcartésien et montré que beaucoup d'animaux possédaient des performances intellectuelles remarquables. Nous limiterons le débat à trois domaines : la culture, la mémoire, la conscience.

Les animaux et la culture

D'innombrables résultats d'éthologie sont venus montrer, ces dernières années, que de nombreux animaux possédaient des traits culturels[8]. Un trait culturel est un trait de comportement qui se transmet entre des individus, par enseignement ou imitation, sans passer par la transmission génétique.

De nombreux animaux utilisent des *outils*. Le premier trait culturel observé a sans doute été le lavage des patates douces par les macaques de l'île japonaise de Koshima. Les chercheurs distribuaient à ces macaques des patates douces sur la plage. Une

---

[8] Lestel, D. (2001) *Les origines animales de la culture*. Paris, Flammarion, 368 p.
Chapouthier, G. (2009) *Kant et le chimpanzé - Essai sur l'être humain, la morale et l'art*. Paris, Belin, 144 p.

femelle eut l'idée de les laver à l'eau pour en rendre la consommation plus agréable et donc d'utiliser l'eau comme un outil. Ce comportement a ensuite été imité par toute la troupe et transmis aux générations suivantes. Les chimpanzés utilisent des brindilles pour aller « pêcher » les termites dans le sol ou des enclumes de pierre pour y casser des noix. On a pu montrer que les techniques de casse se transmettaient, par imitation, entre parents et enfants d'une même population. Quand l'enclume n'est pas stable, les chimpanzés peuvent y ajouter une cale, qui constitue ce qu'on appelle un « méta-outil », c'est-à-dire un outil servant à fabriquer un autre outil. Ces dernières années, l'utilisation d'outils a été démontrée dans tous les groupes de vertébrés, mais particulièrement chez les mammifères et les oiseaux. Outre les instruments visant à capturer des proies ou à traiter des aliments, la construction de nids, pour dormir ou pour élever des petits, constitue aussi une forme d'instrumentalité.

Parmi les autres traits culturels observés chez les animaux, signalons des *communications* complexes, comme le chant des oiseaux. Dans certains cas, les dialectes de chant sont spécifiques à une population et se transmettent de parents à enfants. Signalons aussi l'existence de *(proto)langages*, c'est-à-dire, selon le sens donné par les éthologistes à ce mot, des communications qui font référence à des éléments non présents dans l'environnement du locuteur lorsqu'il fait sa communication, c'est-à-dire des éléments que le locuteur a rencontrés dans le passé. Ainsi, un exemple de (proto)langage est celui des abeilles. Une abeille qui a trouvé une source de nourriture revient à la ruche et communique, par une danse que comprennent les autres abeilles, la position de la source de nourriture. Plus complexes sont les (proto)langages que l'homme a pu enseigner à des chimpanzés ou à des gorilles. Comme ces animaux ne disposent pas des structures vocales adaptées, il s'agit, soit de langages par gestes (comme le langage des sourds-muets), soit de langages constitués de figures arbitraires affichées sur un écran d'ordinateur : un carré noir pour une pomme, un triangle rouge pour une banane, etc. Les singes anthropoïdes peuvent ainsi acquérir des (proto)langages de plusieurs centaines de mots et de règles de grammaire simples. Certes ces langages sont acquis au contact de l'homme, mais, au moins dans un cas, une femelle a transmis ces acquisitions à son petit.

Des *règles morales* ont pu être mises en évidence chez les animaux. Par exemple le fait que tous les animaux qui élèvent des petits ont une tendance à particulièrement protéger ces derniers. Chez les singes a été observée une tendance à l'interdiction de l'inceste, qui est aussi une caractéristique des primates humains. Le chercheur Frans de Waal a beaucoup étudié le comportement des troupes de chimpanzés en semi-liberté. Il y a décrit toute une série de comportements que nous interprèterions comme moraux : sympathie, attachement, intérêt pour les jeunes, aide aux handicapés, punitions, négociations, coopérations, réconciliations… de Waal écrit :

> « Le pardon n'est pas (…) une idée mystérieuse et sublime que nous devons à quelques millénaires de judéo-christianisme (…) Le fait que les singes, les grands singes et les hommes ont tous des comportements de réconciliation signifie que le pardon a probablement plus de trente millions d'années et qu'il est antérieur à la séparation intervenue dans l'évolution des primates. »[9]

Enfin beaucoup d'animaux montrent des *préférences esthétiques*, de couleurs, de formes, de motifs de chant. Pour les couleurs, ce sont souvent celles du partenaire sexuel. Si le partenaire est rouge, le sujet préférera, de façon plus abstraite, les objets de couleur rouge. On retrouve là l'ancrage des préférences esthétiques dans la sexualité qui fait que, chez l'homme, beaucoup de tableaux et de sculptures représentent des femmes nues. On a aussi montré que certains oiseaux qui chantent, voire des baleines, qui chantent aussi, effectuent des choix personnels de motifs de chant et ne suivent ni un plan systématique, ni une démarche aléatoire. Les choix des animaux peuvent aussi être étudiés dans des situations artificielles provoquées par l'homme. Si on distribue, à des chimpanzés, des crayons de couleur, ils effectuent un barbouillage proche de celui d'un enfant humain de trois ans : ils centrent leur dessin, préfèrent les couleurs vives ou

[9] de Waal, F. (1992) *De la réconciliation chez les primates*. Paris, Flammarion, p 336.

primaires et les courbes plutôt que les formes pointues. Enfin, signalons les structures complexes construites par le jardinier ou l' « oiseau à berceau » d'Asie du Sud-Est. Ce sont des sortes de tonnelles (aucun rapport avec un berceau au sens usuel du terme) constituées de brindilles plantées dans le sol et entourées d'un parterre étincelant d'objets colorés, trouvés dans la nature ou artificiels fabriqués par l'homme. Le parterre est divisé en secteurs de couleurs différentes et plus le berceau est complexe, plus il a de chance de séduire la femelle.

Tous ces exemples montrent que les animaux autres que l'homme ne peuvent pas être considérés comme de simples « êtres de nature ». Les animaux les plus « céphalisés » développent, comme les êtres humains, une grande variété de traits culturels.

Les animaux et la mémoire

Nous avons l'impression que notre mémoire est un système unitaire. Il n'en est rien. L'analyse des aptitudes de mémoire montre que notre mémoire, ou plutôt « nos mémoires » sont un ensemble de capacités très différentes les unes des autres, acquises progressivement par nos ancêtres animaux, au fur et à mesure de l'évolution des espèces.

Les scientifiques distinguent de fait différents types de mémoires[10], des mémoires dites procédurales, qui concernent les gestes et des mémoires déclaratives qui impliquent les pensées. Parmi les premières, on peut mentionner l'habituation à un stimulus répété régulièrement, la tendance à alterner des réponses, les conditionnements, pavloviens ou instrumentaux. Parmi les secondes, on peut mentionner les mémoires spatiales, comme la mémoire des détours, et les mémoires cognitives, comme la mémoire sémantique des règles abstraites. Si l'on analyse l'apparition de ces mémoires dans les grands taxons d'animaux, on voit apparaître les mémoires les plus complexes au fur et à mesure de la complexification du système nerveux et du comportement : apparition des conditionnements chez les animaux à trois feuillets embryonnaires, comme les vers, apparition des mémoires déclaratives chez les animaux les plus développés sur

[10] Chapouthier, G. (2006) *Biologie de la mémoire*. Paris, Odile Jacob, 220 p.

le plan du cerveau, comme les vertébrés ou les pieuvres. Les mémoires les plus performantes ne viennent pas remplacer les mémoires plus frustes, mais les compléter, ce qui fait que les animaux les plus performants sur le plan intellectuel possèdent tous les types de mémoire, une mosaïque de mémoires différentes. C'est le cas de l'homme, mais aussi d'autres vertébrés et des pieuvres.

Ici encore, si l'on excepte une puissance plus forte du cerveau humain et, par suite, des aptitudes de mémoire plus grandes en quantité, il n'y a pas de différence de fond, sur un plan qualitatif, entre l'être humain et ses plus proches cousins animaux fortement céphalisés.

Les animaux et la conscience

Pour Descartes et les cartésiens, les animaux ne disposaient pas de conscience et étaient de simples automates. Pour les animaux les plus développés sur le plan intellectuel, la science moderne a, bien sûr, abandonné cette conception[11]. On admet aujourd'hui l'existence, chez les animaux les plus développés sur le plan cérébral, de deux types de conscience, la conscience d'accès, qui est la conscience de son environnement, et la conscience de soi. Le comportement complexe et adapté des vertébrés et des pieuvres suggère l'existence chez ces animaux d'une conscience d'accès.

Plus délicate est la conscience de soi : « je suis conscient d'être conscient ». Le « test du miroir » a permis d'en démontrer l'ébauche chez un certain nombre d'animaux : chimpanzés, dauphins, un éléphant et une pie. Montrons-le chez les chimpanzés. Si l'on peint, sur le front d'un chimpanzé qui dort, une tache de peinture et qu'à son réveil, on lui tend un miroir, le chimpanzé cherche à effacer la tâche, montrant par là qu'il se reconnaît dans le miroir et ne pense pas qu'il s'agit d'un autre chimpanzé, ce qui démontre l'ébauche d'une conscience de soi. Il reste que le test du miroir a ses limites. Il n'a pu être effectué avec succès que chez des animaux visuels. Il est probable que la conscience de soi existe aussi chez des animaux dont on connaît la grande intelli-

[11] Chapouthier, G. (2009) *Kant et le chimpanzé - : essai sur l'être humain, la morale et l'art.* Paris, Belin, p 56-64.

gence, comme des chiens, mais qui se reconnaissent surtout dans le registre olfactif.

Enfin il existe des animaux, comme certains crustacés ou comme les abeilles, chez qui la notion de conscience est à l'étude et qui pourraient posséder au moins une forme élémentaire de conscience. Elwood[12] a pu montrer, chez les Bernard l'hermite, l'existence de « choix raisonnés » lorsqu'on leur propose une coquille de séjour associée à un choc électrique. Les animaux semblent comparer la qualité de la coquille et le désagrément du choc électrique et effectuer une estimation pondérée, qui traduit, selon Elwood, une forme de conscience. Chez les abeilles, le groupe du chercheur Martin Giurfa[13] a démontré l'existence d'aptitudes à maîtriser des règles abstraites, comme le haut ou le bas, ce qui, ici encore, suggère l'existence d'une forme de conscience élémentaire. Pour tous ces invertébrés, on peut estimer que la question de la conscience offre le « bénéfice du doute ».

Finalement on constate que, contrairement à ce qu'avaient pensé les cartésiens, des capacités de conscience existent chez un assez grand nombre d'espèces animales.

Conséquences sur l'expérimentation animale

Résumons ici notre argumentation sur l'animalité. Contrairement à ce qu'avaient pensé les cartésiens, les animaux sont, par leur nature, très proches des êtres humains, et ceux qui possèdent un système nerveux performant le sont aussi par leur culture, leur mémoire, leur aptitude à des formes de conscience. En ce qui concerne la sensibilité consciente à la douleur et à la souffrance, les processus sont similaires chez les êtres humains et tous les autres vertébrés, et même chez des invertébrés comme les pieuvres[14]. Le cortex cérébral, commun à tous les vertébrés, sug-

---

[12] Elwood, R. W. (2013) À partir d'expériences sur le comportement, pouvons-nous déduire que les crustacés éprouvent de la douleur ? In : Auffret Van Der Kemp, T. & Lachance, M. (eds.) *Souffrance animale : de la science au droit*. Cowansville (Canada), Yvon Blais, p. 143-153.

[13] Avarguès-Weber, A., Giurfa, M. (2013) Conceptual learning by miniature brains. *Proceeedings of the Royal Society B (Biological sciences)*, 280 : 1772.

[14] Bovet, D., Chapouthier, G. (2013) Les degrés de sensibilité dans le monde animal et leur identification scientifique. In : Auffret Van Der Kemp, T. & Lachance, M. (eds.) *Souffrance animale : de la science au droit*. Cowansville (Canada), Yvon Blais, p. 13-24

gère des capacités semblables, chez ces animaux, d'accès à la conscience de la douleur (on utilise, parfois pour ces capacités, le terme anglo-saxon « sentience »), et des structures cérébrales semblables existent aussi chez les mollusques céphalopodes, comme les pieuvres.

Un tel constat ne peut qu'avoir des conséquences sur la manière de traiter ces animaux et toute une série de mouvements prônent, de nos jours, dans tous les domaines, davantage de respect pour les animaux et davantage de droits pour eux. Parmi ces mouvements, le plus convaincant me paraît être celui qui s'appuie sur la Déclaration Universelle des Droits de l'Animal (DUDA). Ce mouvement, articulé autour de « La Fondation Droit Animal, Éthique et Sciences » (LFDA), réclame des droits pour les animaux puisque, dans une société de droit comme la nôtre, seuls les êtres auxquels l'homme attribue des droits peuvent être effectivement protégés. Le droit, transcrit dans la loi, devient alors contraignant même pour ceux des humains qui n'aiment pas les animaux. Mais la DUDA vise aussi au respect des animaux en fonction des aptitudes particulières de leur espèce, ce qui veut dire que les droits des animaux les plus performants intellectuellement et les plus conscients seraient particuliers, afin de tenir compte de leur spécificité biologique et comportementale.

C'est bien dans ce sens qu'évolue la loi. Dans le domaine qui est peut-être juridiquement le plus avancé, celui de l'expérimentation animale, la loi, qui s'est éloignée de la conception cartésienne et bernardienne des animaux-objets, protège désormais les vertébrés et les mollusques céphalopodes, qui sont justement, parmi les animaux sensibles, ceux dont on a pu démontrer la grande intelligence et la conscience. Cette évolution a connu deux temps. Un temps philosophique, où a été formulée la fameuse « loi des Trois R »[15], et un temps juridique, où le respect des vertébrés et des céphalopodes a été inscrit dans la loi européenne depuis la directive européenne 2010-63-UE relative à la protection des animaux utilisés à des fins scientifiques.

---

[15] Russell, W. M. S., Burch, R. L. (1959) *The Principles of Humane Experimental Technique*. Londres, Methuen, 238 p.

Selon la « loi des Trois R », qui reste la conception qui sous-tend toujours la pratique expérimentale, il faut viser à *Réduire* le nombre d'animaux utilisés, *Remplacer*, quand c'est possible, les modèles animaux par des modèles non-vivants, *Raffiner* les protocoles expérimentaux pour en réduire la part désagréable. On y ajoute parfois maintenant un quatrième R, *Réhabilitation*, après les expériences, des animaux utilisés pour qu'ils puissent finir leur vie paisiblement. Bien entendu, ce vaste programme ne peut s'accomplir que progressivement. Quant à la directive européenne 2010-63-UE, elle constitue incontestablement un progrès dans la question juridique du traitement des animaux d'expérience. Des progrès restent à faire sur des points particuliers. Ainsi les mammifères sont protégés, dans leurs formes fœtales, « à partir du dernier tiers de leur développement normal ». On ne voit pas très bien pourquoi les oiseaux ne devraient pas être protégés aussi à partir du dernier tiers de leur vie dans l'œuf. Quant aux crustacés ou aux abeilles, qui, nous l'avons vu plus haut, devraient sans doute avoir le bénéfice du doute, ils ne sont pas du tout pris en considération par la directive. Il reste cependant que la directive constitue sans doute le point le plus en avance de la législation concernant le respect de l'animal. À titre d'exemple, un chercheur n'a évidemment pas le droit de faire souffrir un poisson « par plaisir ». En revanche, pour le plaisir gastronomique, il reste permis d'envoyer une truite vivante dans l'eau bouillante. Les autres utilisations sociales de l'animal devraient grandement s'inspirer des règlements qui régissent l'expérimentation animale.

Conclusion

Au total, le bilan du présent article montre que les animaux autres que l'homme sont proches de l'être humain par leur nature, mais aussi, pour les plus développés sur le plan cérébral, par leur intelligence et leurs aptitudes de conscience et de souffrance. Il s'ensuit, dans le domaine de la recherche expérimentale, une amélioration en cours de la manière de les traiter.

Ce qui nous mène à une interrogation de fond. Sur le plan intellectuel et technologique, il est clair que l'espèce humaine représente un succès par rapport aux autres espèces animales. Sur le plan moral, en revanche, le bilan de notre espèce n'est guère brillant. Toute notre histoire est une succession de crimes, de guerres, de tortures, d'atrocités, dont *Homo sapiens* n'a pas lieu d'être fier. À cet état de fait est liée une certaine fascination pour le mal. Faut-il rappeler que la plupart des dirigeants des siècles passés, souvent très admirés, rois, empereurs et même papes, étaient des bouchers et des égorgeurs, auprès de qui, si l'on devait faire un bilan moral, Al Capone apparaîtrait comme un saint ? Sur le plan de la morale pratique humaine, on peut aisément reprendre l'expression de Pierre Jouventin : « l'homme, cet animal raté »[16].

On peut dès lors se demander si une amélioration de la morale à l'égard d'autres êtres sensibles ne permettrait pas aussi une amélioration de la pratique morale humaine *à l'intérieur de notre propre espèce*. C'est sur cette interrogation fondamentale qui je voudrais conclure cette réflexion[17]. Elle suppose aussi, comme on l'a mentionné, que les améliorations des pratiques morales, en progression comme on vient de le voir dans cet article, dans le domaine particulier de la recherche scientifique, s'étendent à d'autres activités humaines, comme le traitement des animaux de compagnie, l'élevage, l'abattage, la gastronomie ou les jeux cruels que sont la chasse et la corrida, qui en ont grandement besoin.

---

[16] Jouventin, P. (2016) *L'homme, cet animal raté*. Paris, Libre et Solidaire, 237 p.

[17] Pour une discussion de cette question, voir Chapouthier, G. (1990) *Au bon vouloir de l'homme, l'animal*. Paris, Denoël, p. 228-232.

Chapitre VI

L'anthropomorphisme, entre le bien fondé et la dérive risquée

Cédric Sueur

Introduction

Les singes ont un statut exceptionnel dans notre relation à l'animal, en particulier en éthologie ou en anthropologie biologique car, de fait, nous - humains - sommes des primates. Les humains projettent leurs états mentaux sur les singes et sont attirés par les comportements de ces derniers, car humains et singes appartiennent à la même famille. Comparer les traits de l'humain avec les primates non humains (voire d'autres mammifères non humains) permet de mieux saisir l'origine, la phylogenèse et l'ontogenèse de ces traits chez *Homo sapiens*. De ce fait, de nombreuses disciplines se sont focalisées sur les primates dans le monde animal, faisant du domaine de la primatologie un *melting pot* des sciences biologiques et sociales, des sciences humaines et animales.

Ce mariage de différentes disciplines a conduit à un changement majeur de paradigme dans les sciences. L'évolution des pensées envers l'animal a été menée en particulier par les primatologues ou les scientifiques étudiant le comportement animal et la cognition. Bien avant l'émergence de l'éthologie, il était conseillé de traiter les animaux comme des objets inanimés ou des machines insensibles[18]. L'anthropomorphisme était alors à l'époque considéré comme un péché scientifique majeur et une expression du biais anthropocentrique : parler d'émotions, de capacités cognitives ou de stratégies sociales chez les animaux signait alors la fin des carrières scientifiques. Donald Griffin inventa ainsi le terme de mentaphobie[19] pour désigner les fortes réticences à se référer à la conscience animale pour décrire le

[18] Descartes, R., Gilson, E. (1987) *Discours de la méthode*. Paris, Vrin, 144 p.
[19] Griffin, D. R. (2013) *Animal Minds: Beyond Cognition to Consciousness*. Chicago, University of Chicago Press, 376 p.

comportement des animaux, comme si on ne pouvait pas « comparer l'incomparable »[20]. Cette réticence est aussi désignée comme l'anthropodéni et son contraire, le fait de vouloir absolument attribuer des capacités humaines, est désigné anthropo-insistance[21].

Il y eut plusieurs allers-retours entre l'acceptation et le rejet d'un anthropomorphisme modéré pour expliquer le comportement animal. Ainsi, le canon de Morgan stipule qu'il ne faut pas complexifier un phénomène ou un comportement si ce n'est pas nécessaire. Le canon de Morgan est énoncé en 1894 par Lloyd Morgan comme principe de rigueur scientifique : « Il ne faut en aucun cas interpréter une action animale comme relevant de l'exercice de facultés supérieures, si celle-ci peut être interprétée comme relevant de l'exercice de facultés de niveau inférieur ». Edward Thorndike[22], le père du behaviourisme, disait que les anecdotes[23] devaient être vérifiées par des expériences comportementales montrant généralement des mécanismes cognitifs simples chez les sujets animaux. Ces théories philosophiques et scientifiques d'animal-machine, ou mécanomorphisme[24], se sont pourtant vues mises à mal avec l'avènement de nombreuses études montrant que les animaux, en particulier les primates non-humains, possèdent également des émotions complexes, de l'empathie, des stratégies sociales, des capacités cognitives avancées et même un certain sens moral tel que l'honnêteté[25].

---

[20] Joulian F. (2012) Comparer l'incomparable : des vertus et des limites de la comparaison hommes / primates. In : Renaud, O., Schaub, J-F., Thireau, I (eds.) *Faire des sciences sociales*. Comparer, EHESS, p. 97-125.

[21] Varsava, N. (2014) The Problem of Anthropomorphous Animals: Toward a Posthumanist Ethics. *Society & Animals*, 22 (5) : 520-536.

[22] Thorndike, E. L. (1898) Animal Intelligence: an Experimental Study of the Associative Processes in Animals. *The Psychological Review: Monograph Supplements*, 2 (4) : i.

[23] Mitchell, R. W., Thompson, N. S., Miles, H. L. (eds.) (1997) *Anthropomorphism, anecdotes, and animals*. New York, SUNY Press, 538 p.

[24] Karlsson, F. (2012) Critical anthropomorphism and animal ethics. *Journal of Agricultural and Environmental Ethics*, 25 (5) : 707-720 ; Spada, E. C. (1997) Amorphism, mechanomorphism, and anthropomorphism. In : Mitchell, R. W., Thompson, N. S., Miles, H. L. (eds.) *Ibid.*

[25] de Waal, F. (2006) *"Morally Evolved"*. In : Macedo, S., Ober, J., (eds.) *Primates and Philosophers: How Morality Evolved*, Princeton, Princeton University Press, p. 1-80.

À la lumière de ces résultats, l'anthropomorphisme a fourni une meilleure méthode scientifique, un meilleur schéma de réflexion et une meilleure hypothèse évolutive car cet anthropomorphisme s'est avéré, selon Frans de Waal ou Donald Griffin, plus parcimonieux que de considérer les animaux comme des objets inanimés et mécaniques. Pourtant, l'anthropomorphisme peut également se révéler être un frein à la compréhension du monde, et peut induire la science en erreur, autant d'un point de vue fondamental (que pense un animal ?) que d'un point de vue appliqué (que ressent-il ?). En effet, l'humain ne peut penser autrement qu'en tant qu'humain et est donc voué à faire des erreurs de jugement. Plusieurs exemples permettent d'illustrer ce propos, mais en voici un très représentatif : le 19 février 2015, des pompiers de l'état du Massachusetts aux États-Unis, tentèrent de sauver deux chiens bloqués dans des marais pris par la glace. Les deux hommes s'approchèrent d'un des chiens et au moment où l'un des pompiers essaya de l'attraper pour le secourir, le canidé le mordit à la main[26]. Le secouriste avait fait une supposition dangereuse : le chien penserait comme un humain et comprendrait qu'on essayait de le sauver, ce qui était faux. Que nous permet alors l'anthropomorphisme ? Est-il un moyen de mieux comprendre notre monde ou alors au contraire, un frein à son interprétation ?

Ce chapitre a pour objectif de définir ce qu'est l'anthropomorphisme mais également de comprendre les bases biologiques de cette façon de penser exclusive à l'homme. Enfin, il sera discuté de l'anthropomorphisme comme hypothèse scientifique et principe de raisonnement et de l'impact que peut avoir cette projection mentale sur notre relation avec les animaux dans différents contextes d'utilisation (en recherche, de compagnie, etc.).

Différents niveaux d'anthropomorphisme

L'anthropomorphisme est l'attribution des caractéristiques humaines à d'autres entités telles que des dieux, des animaux, des objets et des phénomènes. Dans le cadre de notre relation avec

---

[26] Voir la vidéo de France TV : https://www.francetvinfo.fr/monde/ameriques/video-etats-unis-les-pompiers-sauvent-deux-chiens-bloques-dans-les-glaces-d-un-marais_830067.html

l'animal, ceci correspond à attribuer aux animaux de différentes espèces, des intentions, des sentiments et des émotions derrière les comportements que ces derniers vont présenter et ceci quelles que soient nos connaissances de l'éthologie de l'espèce. Il existe différents niveaux d'anthropomorphisme. Mais il s'avère d'abord important de distinguer deux types d'anthropomorphisme : le premier provenant de l'ignorance au sens non péjoratif du terme, c'est-à-dire du manque de connaissance d'une personne sur le comportement d'un animal car elle n'est pas spécialiste et interprète mal la signification de ce dernier. Le deuxième provenant du manque de connaissances général de l'espèce, et de la difficulté d'interprétation du niveau d'intentionnalité ou de conscience de l'espèce du fait qu'aucune expérience comportementale ou aucune étude scientifique n'ait encore pu prouver l'absence ou la présence de ces concepts dans les comportements de l'espèce en question. D'un côté, il y a une mauvaise interprétation du fait d'un manque de connaissance qui pourtant existe, de l'autre, il y a un manque d'interprétation du fait d'un manque de connaissance qui n'existe pas encore.

Concernant les différents niveaux d'anthropomorphisme, le premier niveau différencie l'anthropomorphisme imaginatif de l'anthropomorphisme interprétatif[27]. Dans l'anthropomorphisme imaginatif, l'animal est utilisé comme le support du reflet de la société ou du reflet d'un caractère attribué à l'homme. L'anthropomorphisme imaginatif utilise l'animal avant tout pour parler de l'homme, de ses défauts et de ses qualités comme c'est le cas avec les fables de Jean de La Fontaine. La fourmi est travailleuse tandis que le renard est malicieux et le lion majestueux. À partir du milieu du XXe siècle, l'anthropomorphisme imaginatif se retrouve dans les dessins-animés, en particulier ceux de Walt Disney. Cet avènement des animaux dans l'art cinématographique et la manière d'aborder leur représentation (graphique mais aussi gestuelle ou parlée) a donné naissance au terme de

---

[27] Valette-Florence, P., Guizani, H. (2010) Dans quelle mesure la personnalité de la marque et la communication marketing influencent-elles le capital client de la marque ? Expérimentation d'une segmentation exploratoire. *Marché et organisations*, 2 (12) : 43-63.

Disneyfication (ou Disneyization[28]). Ce terme est utilisé avant tout pour montrer la transformation de la société et de ses activités vers l'aseptisé et le merchandising, mais aussi pour montrer le changement de perception par les enfants de l'animal. Via les films animés de Disney, l'animal n'est plus un objet mais un être sensible, empathique, doué de langage et d'intentions. Les enfants auraient ainsi, dans la deuxième moitié du XXe siècle, modifié leur perception de l'animal, à tort ou à raison. Ce changement peut se voir depuis les années 2000-2010 dans les thèmes abordés dans les dessins-animés : *Zootopia* et la civilisation des animaux, Ferdinand et la tauromachie, Vaiana et le respect de la nature, Rio et la biodiversité. Cela, sans compter encore les films des studios Ghibli qui ont presque tous un message écologique, tel que le film *Princesse Mononoké*.

L'anthropomorphisme interprétatif est quant à lui un anthropomorphisme d'introspection où l'homme cherche à comprendre le niveau de conscience et d'intentionnalité d'un animal à travers l'observation de son comportement. Ainsi, qu'elle soit experte ou non en éthologie, toute personne ayant un chat ou un chien a essayé d'interpréter l'action ou la réaction de son animal de compagnie. L'attribution de ses intentions et croyances sera plus ou moins exacte selon le niveau de connaissances scientifiques de l'observateur. Une méthode scientifique doit de ce fait s'appliquer afin de comprendre la signification d'un comportement animal dans un contexte donné. Ce qui amène à la subdivision de l'anthropomorphisme interprétatif en deux branches : l'anthropomorphisme contextuel et l'anthropomorphisme catégoriel. L'anthropomorphisme contextuel signifie que l'interprétation que l'humain donne au comportement de l'animal va dépendre du contexte : une personne ne va pas attribuer la même intention à l'aboiement d'un chien en fonction du contexte dans lequel le chien aboie. L'anthropomorphisme catégoriel signifie que l'interprétation que l'humain donne au comportement de l'animal va dépendre de la catégorie du comportement. Certains comportements présents chez les animaux vont plus faire appel à une interprétation, qu'elle soit bonne ou mauvaise, de la part de

---

[28] Bryman, A. E. (2004) *The Disneyization of Society*. Londres, SAGE Publications, 200 p.

l'homme. Par exemple, le découvrement des dents des chimpanzés (*bared-teeth displays*) – utilisé dans la pub pour la lessive Omo – est souvent considéré à tort comme un sourire (comme c'est le cas chez l'humain), alors qu'en fait ce comportement chez le chimpanzé est un signe de stress et de peur[29]. Il y a ici une mauvaise interprétation de la part de l'observateur du fait d'un manque de connaissance qui pourtant existe. Une vidéo montrant des chimpanzés de laboratoire réhabilités et découvrant pour la première fois un environnement extérieur a reçu de nombreux commentaires en ligne indiquant de ces derniers souriaient et s'embrassaient du fait qu'ils étaient contents. Finalement les chimpanzés avaient peur et se soutenaient mutuellement face à cette nouvelle situation stressante[30]. En dernier lieu, l'anthropomorphisme catégoriel se subdivise en deux autres concepts : l'anthropomorphisme d'espèce et l'anthropomorphisme de trait. L'homme n'attribuerait pas les mêmes intentions, c'est-à-dire varierait le degré d'anthropomorphisme, en fonction de l'espèce observée (exemple : attribuerait-on, sans connaissance aucune, la présence de jeu chez une araignée comme on l'attribuerait pour un chien ou un singe ?) ou en fonction du trait observé (exemple : va-t-on conclure, sans connaissance aucune, qu'un poisson se reconnaitrait dans un miroir – attestant d'une reconnaissance de soi – au même titre qu'un chimpanzé ?). Ces niveaux d'anthropomorphisme sont intéressants car ils amènent à d'autres concepts plus philosophiques tel que le spécisme[31], c'est-à-dire le fait d'attribuer des intentions ou des capacités à certaines espèces animales et non à d'autres, et d'utiliser de manière différente ces espèces en fonction des capacités qu'on leur attribue.

De la nature biologique de l'anthropomorphisme

L'anthropomorphisme aurait évolué chez l'être humain afin qu'il puisse mieux comprendre le monde qui l'entoure et qu'il

---

[29] van Hooff, J. A. (1972) A comparative approach to the phylogeny of laughter and smiling. In : Hinde, R. A. (ed.) *Non-verbal Communication*. Cambridge, Cambridge University Press, 458 p.

[30] Voir la vidéo : https://youtu.be/ExEjXLMd4VA Laboratory chimps caged for 30 years are finally released to a sanctuary

[31] Ryder, R. D. (1998) *The Political Animal: The Conquest of Speciesism*. Jefferson, McFarland, 147 p.

puisse mieux interagir avec lui. Cette capacité cognitive de projection serait ainsi un principe plus biologique que culturel (même si notre degré d'anthropomorphisme peut varier en fonction de notre culture). Au même titre que d'autres concepts comme la superstition[32] ou l'attachement au groupe[33], l'anthropomorphisme découlerait de processus évolutifs permettant de mieux vivre dans notre environnement. Réfléchissant en termes d'évolution et de sélection naturelle, le patrimoine génétique qui permettait aux individus d'une espèce animale de mieux observer et de mieux interpréter leur monde aurait été ainsi perpétué à travers la population et les générations. Même si l'homme a encore du mal à accepter son animalité et ses caractères innés inéluctables, il n'empêche que son espèce *Homo sapiens* et que les espèces ancêtres qui l'ont précédée, n'ont pas dérogé à cette règle.

De manière générale, quand un comportement ou une capacité cognitive est inné(e) (c'est-à-dire opposé à appris ou acquis), il est très difficile de s'abstenir de présenter ce comportement ou de s'abstenir d'invoquer la capacité en question dans certaines situations. Par exemple, certaines mimiques faciales de peur, de colère ou de tristesse sont innées chez l'humain et ne peuvent être contrôlées, en tout cas très difficilement[34]. De la même façon, l'anthropomorphisme est parfois incontrôlable, menant à des réactions d'empathie ou de tristesse envers des objets se mouvant mais bien sûr non vivants. L'exemple parfait est le chien robot (robot dog) de *Boston dynamics*[35], robot dont la forme et la taille sont similaires à un chien. Une vidéo[36] publiée sur la plateforme YouTube montrait le fonctionnement de ce robot chien sur différents terrains, puis afin de montrer sa stabilité, un humain donna un coup de pied dans le robot. Les réactions des commentateurs

---

[32] Skinner, B. F. (1948) 'Superstition' in the pigeon. *Journal of Experimental Psychology*, 38 (2) : 168.

[33] Wrangham, R. W., Glowacki, L. (2012) Intergroup aggression in chimpanzees and war in nomadic hunter-gatherers. *Human Nature*, 23 (1) : 5-29.

[34] Ekman, P., Friesen, W. V., Hager, J. C. (2002) *Facial Action Coding System (FACS)*. A human face, CD-ROM.

[35] Pongas, D., Mistry, M., Schaal, S. (2007) A robust quadruped walking gait for traversing rough terrain. *Proceedings of the IEEE International Conference on Robotics and Automation*, p. 1474-1479.

[36] Voir la vidéo : https://youtu.be/NtU9p1VYtcQ

furent très intéressantes : en plus d'écrire qu'ils se sentaient tristes ou offusqués de ce geste envers le robot, certains d'entre eux reconnaissaient aussi que leurs réactions n'avaient pas de sens car le robot n'avait pas de capteurs de douleur, ni de semblants d'émotions. Un sondage en ligne[37] montre qu'en voyant cette vidéo, un tiers des personnes ressentent de la peine et de la tristesse et un cinquième ressent de la colère. Plus de la moitié des sondés pensent que leur ressenti est justifié sans raison apparente.

L'anthropomorphisme serait donc un biais cognitif anthropocentrique difficilement contrôlable au premier abord. Et plus l'espèce animale analysée et observée serait phylogénétiquement éloignée de l'humain, plus le biais anthropomorphique entrainant des erreurs d'interprétation serait présent, aussi bien dans la comparaison avec l'homme que dans des comparaisons entre deux espèces animales non-humaines. À quel point alors ce biais interfère sur notre capacité de jugement de tous les jours et en particulier sur notre raisonnement scientifique ? L'exemple de Hans le malin[38] illustre bien la difficulté de l'homme à ne pas interpréter les comportements des animaux en se mettant lui-même comme centre de comparaison. Cet exemple a d'ailleurs donné lieu à ce que l'on a nommé « l'effet Clever Hans » quand un humain sur-interprète les capacités mentales d'un animal suite à l'observation de son comportement[39]. En 1904, Clever Hans ou Hans le malin, un cheval de huit ans, était capable de répondre, en frappant le sol avec son sabot, à des questions nécessitant des calculs mathématiques. Si par exemple son propriétaire, William von Osten, lui demandait combien faisaient 2 + 3, le cheval tapait cinq fois avec son sabot au sol. Le cheval pouvait aussi donner l'heure, reconnaître des gens sur des photographies, épeler et lire des mots (un coup pour la lettre a, deux pour b, et ainsi de suite), identifier des notes de musique, toujours en tapant le sol avec son

---

[37] Sueur, C. (2018) Données non publiées, disponibles sur demande.

[38] Pfungst, O. (1911) *Clever Hans (the Horse of Mr. Von Osten) A Contribution to Experimental Animal and Human Psychology*. New York, Holt, Rinehart and Winston, 265 p.

[39] Schmidjell, T., Range, F., Huber, L., Virányi, Z. (2012) Do owners have a Clever Hans effect on dogs? Results of a pointing study. *Frontiers in Psychology*, 3 : 558.

sabot. Ce prodige restait possible à condition que les questions soient converties en nombres. Quand William von Osten commença à montrer son cheval en public, des équipes de scientifiques accoururent de toute l'Europe. Ces scientifiques firent des expériences comportementales et observèrent que le cheval répondait de manière correcte aussi en l'absence de son propriétaire. Le 12 septembre 1904, un rapport écrit par treize scientifiques fut écrit pour rejeter la possibilité d'une supercherie et accorder « la plus haute respectabilité et importance scientifique à ce remarquable cheval ». Pourtant un jeune étudiant en philosophie et médecine, Oskar Pfungst, continua les recherches sur les prouesses du cheval. Trois mois plus tard, un nouveau rapport publiait sa découverte :

> « Le cheval se trompait dans ses réponses à chaque fois que la solution du problème qu'on lui soumettait était inconnue des personnes présentes. Lorsque par exemple on plaçait devant le cheval un nombre écrit ou les objets à compter en sorte qu'ils fussent visibles de lui seul, et en particulier invisibles du questionneur, il échouait à répondre correctement. Il ne savait par conséquent ni compter, ni lire, ni résoudre des problèmes d'arithmétique. Le cheval échoua encore chaque fois que des œillères suffisamment grandes l'empêchèrent de voir les personnes, et en particulier le questionneur, qui connaissaient la solution. Il avait besoin par conséquent d'une sorte de secours visuel.[40] »

Le rapport insista en outre sur le fait que le cheval réagissait aux stimuli visuels même non-intentionnels qu'il percevait chez son maître et que Pfungst réussit à identifier : « M. Pfungst est parvenu à identifier chez M. von Osten les différents types de mouvements qui étaient à l'origine des diverses performances du cheval. » Le cheval n'était pas la source des réponses, mais un simple canal par lequel ceux qui le questionnaient faisaient passer leur message.

---

[40] Watzlawick, P. (1978) *La réalité de la réalité. Confusion, désinformation, communication.* Paris, Seuil, p. 35-50

Du simplisme à l'anthropomorphisme

Face à ce biais cognitif, il faut donc employer une méthodologie scientifique d'analyse rigoureuse. L'évolution des capacités cognitives – numériques, physiques ou sociales[41] – a souvent été faite avec, comme point de comparaison et comme l'une des extrémités sur une échelle de graduation, l'homme. L'autre extrémité de cette échelle graduelle étant le processus ou le mécanisme le plus simple que l'on peut imaginer. Le simplisme est une doctrine où l'on cherche à ignorer volontairement la complexité ou les complications, c'est-à-dire à essayer d'expliquer les choses le plus simplement possible. Ceci fait appel au principe de parcimonie ou encore au rasoir d'Ockham[42] : entre plusieurs hypothèses, il faut toujours choisir la plus simple, celle impliquant le moins de mécanismes ou de processus.

Les hypothèses qu'un scientifique travaillant sur le comportement animal peut formuler se situeraient ainsi entre ces deux extrêmes, étant d'un côté le simplisme (l'hypothèse la plus simple) et de l'autre l'anthropomorphisme (ici considérée comme la plus complexe ou compliquée). Subséquemment, une question de recherche peut amener à différentes hypothèses sur ce gradient de complexité et doit être choisie l'hypothèse qui est la plus simple quand les résultats ne nous permettent pas de conclure entre deux hypothèses de complexité différente. Un exemple est souvent repris en éthologie pour comprendre les différences entre l'inné et l'acquis, l'intentionnel du non-intentionnel voire même des niveaux encore supérieurs comme la théorie de l'esprit et la projection mentale. Cet exemple est le comportement de l'oiseau feignant d'être blessé afin de protéger ses œufs[43]. Lorsqu'un

---

[41] Tomasello, M., Call, J. (1997). *Primate Cognition.* Oxford, Oxford University Press, 526 p.

[42] Epstein, R. (1984) The principle of parsimony and some applications in psychology. *The Journal of Mind and Behavior*, 5 (2) : 119-130 ; Jefferys, W. H., Berger, J. O. (1992) Ockham's razor and Bayesian analysis. *American Scientist*, 80 (1) : 64-72.

[43] Ristau, C. A. (1991). Aspects of the cognitive ethology of an injury-feigning bird, the piping plover. In : C. A. Ristau (ed.) *Comparative Cognition and Neuroscience. Cognitive Ethology: The Minds of Other Animals: Essays in Honor of Donald R. Griffin, Hillsdale,* Lawrence Erlbaum Associates, p. 91-126 ; Armstrong, E. A. (1954) The ecology of distraction display. *The British Journal of Animal Behaviour*, 2 (4) : 121-135.

prédateur s'approche d'un nid contenant des œufs, l'oiseau auquel appartiennent les œufs montre un comportement remarquable : il s'éloigne du nid puis feint d'être blessé en étirant une aile, la laissant trainer comme si elle était cassée et parfois même titube ou s'agite de manière assez chaotique. Ainsi le prédateur se dirige vers cet animal qui semble être faible et facile à attraper, s'éloignant des œufs. Les scientifiques qui ont observé ce comportement ont bien sûr été amenés à émettre différentes hypothèses, allant de la plus simple (impliquant le moins de processus d'intentionnalité et de projection mentale) à la plus anthropomorphique (c'est-à-dire celle qui implique une intentionnalité et des croyances, soit une théorie de l'esprit) :

Intentionnalité 0 : Le sujet n'a pas de « croyance » ou de « savoir » par rapport au prédateur. Il a une réponse stéréotypée face à un prédateur qui est synonyme de séquence comportementale innée, sans apprentissage ni intentionnalité.

Intentionnalité 1 : Le sujet « sait » que le prédateur est dangereux. Il « veut » l'éloigner. Séquence innée ou apprise (de ses expériences antérieures, l'animal a pu apprendre - par conditionnement ou apprentissage associatif- certains comportements qui ont pour effet d'éloigner le prédateur). Même si l'oiseau sait que le prédateur est dangereux, il ne se projette pas dans l'esprit de ce dernier. Une théorie de l'esprit n'est pas nécessaire. L'animal n'a pas besoin d'être conscient de lui-même ou des autres pour apprendre à feindre.

Intentionnalité 2 : Le sujet se comporte de manière à ce que le prédateur « croit » qu'il est blessé. Ici, l'oiseau se met à la place du prédateur, impliquant donc une théorie de l'esprit : « Je sais que le prédateur croit que ». C'est le niveau qui se rapproche le plus de la manière dont l'homme pourrait penser et se comporter soit un niveau très anthropomorphisé.

Des études montrent que le niveau d'intentionnalité utilisé chez les oiseaux serait de niveau 0, voire du niveau 1, mais en aucun cas de niveau 2. En effet, les comportements émis d'oiseau blessé proviennent de nombreux comportements de reproduction ritualisés et stéréotypés, soit aucunement intentionnels ou appris, même si l'oiseau peut apprendre à feindre ou ne pas feindre dans certains cas[44].

Nous ne devons donc en aucun cas interpréter une action comme relevant de l'exercice de facultés de haut niveau, si celle-ci peut être interprétée comme relevant de l'exercice de facultés de niveau inférieur. Ce principe à suivre se nomme le canon de Morgan[45]. Pour autant, il ne faut pas non plus rejeter l'anthropomorphisme car l'application de capacités cognitives complexes et proches de l'homme est une hypothèse aussi valable que celle du simplisme. L'homme ne doit en aucun cas ni rejeter le simplisme, ni rejeter l'anthropomorphisme car ces notions sont nos deux seuls processus de réflexion. En tant qu'espèce animale ayant été sélectionnée, façonner et projeter notre façon de voir le monde (i.e., l'anthropomorphisme) est naturel pour l'homme, et voir les choses le plus simplement possible (i.e., le simplisme) est facile à imaginer.

Si ce principe du canon de Morgan n'est pas appliqué, un humain qui observe un comportement animal pourrait facilement l'attribuer à une intention ou une croyance de type humain, ce qui fausserait son jugement. Mais la réflexion peut être poussée plus loin encore en se demandant quel impact ce faux jugement peut avoir sur la relation que l'homme entretient avec les autres animaux.

Les problèmes liés à l'anthropomorphisme dans notre relation avec l'animal

La question est de savoir si la surutilisation non fondée d'un de ces concepts nous permet de mieux gérer le bien-être des espèces animales et de leurs représentants ou au contraire met un frein à notre relation avec ces derniers. Se pose donc la question de savoir si notre volonté à vouloir être bienveillant envers les animaux pourrait être finalement à un certain niveau nocif de par un excès d'anthropomorphisme.

---

[44] Byrkjedal, I. (1989) Nest defense behavior of lesser golden-plovers. *The Wilson Bulletin*, 101 (4) : 579-590 ; Rowley, I. (1962) 'Rodent-run' distraction display by a passerine, the superb blue wren *Malurus cyaneus*. *Behaviour*, 19 (1) : 170-176.

[45] Morgan, C. L. (1894) *An Introduction to Comparative Psychology*. Londres, Walter Scott Pub., 438 p.

L'animal est anthropomorphisé à différents niveaux dans notre société : au cinéma, dans les dessins animés ou les bandes dessinées, par la starification des animaux de zoo et par l'industrialisation et l'économie sous-jacente des animaux de compagnie.

De nombreux films sortent aujourd'hui sur nos écrans de cinéma racontant l'histoire d'individus d'une ou plusieurs espèces animales. Allant des films de Jean-Jacques Annaud, aux longs métrages de Luc Jacquet ou de Disney Nature, la plupart des animaux présents dans ces films sont anthropomorphisés, probablement d'abord dans un but scénaristique, mais aussi dans le but de sensibiliser le public. De la même manière, de nombreux dessins animés mettent en scène des héros animaux qui parlent, sont conscients et ont des ambitions pour leurs futurs, pour leur survie dans un monde changeant. Malgré le fait que chaque film ait été conçu par ces réalisateurs et scénaristes pour sensibiliser le jeune public à leur environnement naturel et les espèces qui le composent, jamais certaines espèces animales n'ont été autant en danger que depuis leur apparition dans ces films. Ce fut le cas du poisson clown pour le film *Némo*, de la chouette Harfang des neiges dans la série *Harry Potter*, du perroquet dans le film *Rio*. Le roman *Croc-Blanc* a entrainé une hausse des ventes d'Huskys et le film *Beethoven* une hausse des ventes de saint-bernard. Quelques mois après la sortie des films, de nombreux chiens étaient abandonnés sur le bord des routes. Ainsi l'anthropomorphisation voulue des animaux dans ces films n'a mené – en tout cas, à court terme – qu'à une dégradation des populations et du bien-être des animaux exposés. Aussi, un article récent[46] montre que la surreprésentation, dans les médias et les dessins animés, des espèces emblématiques telles que le lion, le gorille, le tigre ou le panda fait oublier qu'ils n'en restent pas moins en danger d'extinction. « Sans le savoir, les entreprises utilisant des girafes, guépards et autres ours polaires à des fins de marketing contribueraient à fausser la perspective du public sur leur risque d'extinction et donc le soutien à la conservation de ces espèces »

[46] Courchamp, F., Jaric, I., Albert, C., Meinard, Y., Ripple, W. J., *et al.* (2018) The paradoxical extinction of the most charismatic animals. *PLOS Biology* 16 (4) : e2003997.

explique l'auteur principal de cette étude. De la même façon, une étude[47] montre que le nombre de primates non-humains utilisés dans les films entre 1990 et 2013 ne diminue pas, que ces primates « acteurs » sont dans 50% des cas habillés, et dans 87% des cas avec un compagnon humain ou dans des environnements anthropisés, conduisant le public à penser que les animaux utilisés ne sont pas en danger, voire peuvent être domestiqués et gardés à la maison comme animal domestique. Les personnes interrogées affirment que le fait de tant voir les animaux à la télévision les laisse penser que l'espèce n'est pas en danger[48].

De la même façon, la volonté de vouloir rapprocher l'animal et l'homme, que ce soit à travers les films, les bandes dessinées ou la starification des animaux dans les parcs zoologiques a eu comme effet néfaste de priver, dans la pensée humaine, l'animal de son côté sauvage comme s'il était malsain pour lui de le garder. Dans *Zootopia* de Disney, l'animal qui retrouve son côté sauvage – opposé ici à civilisé – redevient violent et incontrôlable. Le prédateur est considéré comme cruel comme s'il prenait plaisir à faire souffrir sa proie et quelques philosophes animalistes prônent l'extermination des espèces prédatrices afin d'éradiquer toute souffrance animale sur Terre[49]. C'est vraiment mal connaître la construction des écosystèmes et les liens complexes entre les différentes espèces animales et végétales maintenant leur pérennité[50].

La starification des animaux[51] dans les parcs zoologiques mène aux mêmes résultats pour lesquels l'humain va se jeter, sans pro-

---

47 Aldrich, B. C. (2018) The Use of Primate "Actors" in Feature Films 1990–2013. *Anthrozoös*, 31 (1) : 5-21.

48 Ross, S. R., Lukas, K. E., Lonsdorf, E. V., Stoinski, T. S., Hare, B., Shumaker, R., Goodall, J. (2008) Inappropriate use and portrayal of chimpanzees. *Science*, 319 (1) : 487

49 McMahan, J. (2010) The meat eaters. The New-York Times. Disponible sur https://opinionator.blogs.nytimes.com/2010/09/19/the-meat-eaters/

50 Duffy, J. E., Cardinale, B. J., France, K. E., McIntyre, P. B., Thébault, E., Loreau, M. (2007) The functional role of biodiversity in ecosystems: incorporating trophic complexity. *Ecology Letters*, 10 (6) : 522-538 ; Pace, M. L., Cole, J. J., Carpenter, S. R., Kitchell, J. F. (1999) Trophic cascades revealed in diverse ecosystems. *Trends in Ecology & Evolution*, 14 (12) : 483-488.

51 Voir la vidéo : L'hippo star des réseaux sociaux fête son 1er anniversaire. Sciences et Avenir. https://www.sciencesetavenir.fr/nature-environnement/l-

tection aucune, dans la savane comme s'il était dans un zoo. Le rapprochement des soigneurs animaliers avec les animaux et la mise-en-scène publique pour leur donner leurs repas ou leurs soins quotidiens donnent l'impression que ces animaux sont aussi domestiques et domestiqués que des chiens ou des chats. Mais ils n'en restent pas moins sauvages. De même, les vidéos qui sont publiées sur les cas d'adoption interspécifique, et souvent entre prédateur et proie, laissent à penser à une certaine empathie de la part de ces espèces prédatrices. Différents exemples ont été cités dans les journaux prétextant le fait d'un acte altruiste, comme une lionne toilettant un bébé antilope ou un léopard faisant de même avec un bébé babouin[52]. Mais ces exemples peuvent s'expliquer aussi d'un point de vue biologique et ont toujours mal fini pour les bébés adoptés. Souvent l'individu carnivore qui « adopte » sa proie est un individu femelle qui vient de perdre sa propre progéniture. Son taux de prolactine est encore élevé la menant à avoir des comportements affiliatifs envers le bébé. Le léopard s'est comporté ainsi avec sa proie puis la dévora le lendemain matin. Il n'y aurait donc pas ou très peu de comportements altruistes interspécifiques dans la nature, même si des comportements empathiques ont été rapportés. La proximité avec les animaux est aussi connue pour lever l'inhibition de ces derniers d'attaquer les humains, augmentant ainsi les risques d'accidents (environ 15 par an en UE selon un rapport récent d'*Eurogroup for Animals*[53]). Ce rapprochement et cette projection de sentiments de la part des humains mènent à de rares cas - mais qui n'en restent pas moins extrêmes - où des humains tentent le contact avec des animaux sauvages dans leur milieu naturel et se font généralement tuer car l'hippopotame n'en reste pas moins l'animal le plus dangereux d'Afrique[54] et le grand

---

hippo-star-des-reseaux-sociaux-fete-son-1er-anniversaire_120174. (consulté le 11/04/2018)

[52] Voir la vidéo : Un léopard sauve un bébé babouin. Sciences et Avenir. https://www.sciencesetavenir.fr/animaux/grands-mammiferes/video-un-leopard-sauve-un-bebe-babouin_30718. (consulté le 27/06/2017)

[53] Eurogroup for Animals (2015) Wild Animals In EU Circuses. Problems, risks and solutions. Voir le site : http://www.eurogroupforanimals.org/wp-content/uploads/E4A-Circus_Report-Digital-OK-v2.pdf

[54] Voir le site Futura Sciences. L'hippopotame, un animal dangereux pour l'Homme. https://www.futura-sciences.com/planete/photos/zoologie-

félin n'en reste pas moins un prédateur. En conséquence, chaque année, quelques touristes meurent sous les crocs de ces animaux. Cependant, les touristes ne sont pas les seules victimes car s'ensuit alors généralement la mise à mort de l'animal qui a engendré le drame. En effet, dans ces derniers cas, les humains font preuve de ce que l'on pourrait appeler le syndrome du grand méchant loup, c'est-à-dire qu'ils attribuent des intentions au prédateur et partent dans une chasse pour se « venger » du crime « odieux » effectué. Sauf que le prédateur, lion, hippopotame, loup ou requin, n'est coupable d'aucune cruauté ou d'aucune intention et que bien souvent, dans ces chasses vengeresses, plus d'un prédateur est tué.

Ce problème est également accentué par une mauvaise interprétation de la part des humains des signaux de communication émis par les animaux. Laetitia Maréchal, une chercheuse à l'université de Lincoln, a noté que les touristes, en vacances au Maroc et venus voir la faune locale, prenaient les expressions faciales agressives des macaques pour des envies de bisous de ces derniers. Ils imitaient alors l'expression faciale du singe, ce qui se terminait généralement par une agression sous la forme de morsures envers les touristes[55]. L'animal qui a mordu se retrouve parfois mis à mort ou peut aussi être infecté par une maladie portée par l'humain et étant fatale pour le singe.

Le contact et le rapprochement avec l'animal, domestique ou sauvage, sont devenus l'une des économies mondiales les plus importantes, mais le plus souvent au détriment des animaux. L'animal sauvage ne cherche pas le contact avec l'homme. Il n'en tire que la destruction de son environnement mais sûrement pas une quelconque joie. L'animal sauvage n'est pas le Renard du célèbre livre *Le Petit Prince* de Saint-Exupéry. Il ne s'ennuie pas, sa vie n'est pas monotone et il ne cherche pas à être apprivoisé afin que son existence soit plus ensoleillée ![56]

---

animaux-afrique-partez-safari-photo-590/zoologie-hippopotame-animal-dangereux-homme-2422/. (consulté le 11/04/2018)

[55] Maréchal, L., Levy, X., Meints, K., Majolo, B. (2017) Experience-based human perception of facial expressions in Barbary macaques (*Macaca sylvanus*). *PeerJ*, 5 : e3413.

[56] Repris du *Petit Prince* : « Ma vie est monotone (…). Je m'ennuie donc un peu. Mais si tu m'apprivoises, ma vie sera comme ensoleillée… », dit le renard au Petit Prince.

L'atteinte au bien-être animal par l'anthropomorphisme atteint finalement son paroxysme avec la « bébétisation » des animaux de compagnie. La bébétisation consiste à considérer son animal de compagnie et à se comporter avec lui comme si ce dernier était un bébé ou un jeune enfant humain. Ceci mène souvent, malgré l'amour de l'humain, à un non-respect des besoins des animaux et à des problèmes comportementaux de ces derniers.

Perspectives

L'anthropomorphisme serait donc un mécanisme biologique pour mieux appréhender les êtres vivants qui nous entourent et serait ainsi difficilement contrôlable. Respecter une méthode scientifique, allant du simplisme à l'anthropomorphisme, serait en conséquence rigoureux et efficace dans notre bonne interprétation des comportements des animaux.

Pourtant, cette graduation du simplisme à l'anthropomorphisme pose deux problèmes majeurs dont l'homme a peu de chances et de possibilités de s'extirper en tant qu'espèce animale limitée dans ses capacités cognitives ayant évolué avec l'environnement.

Le premier problème est de considérer l'anthropomorphisme comme l'une des extrémités de cette graduation explicative que nous nous sommes fixée. Cela revient à dire que l'espèce humaine est l'espèce animale ayant les capacités cognitives les plus avancées et les plus élaborées que nous ne pourrons jamais rencontrer. Ceci est invraisemblable : même s'il n'y a peut-être pas d'espèce animale plus intelligente que nous sur Terre, des capacités mentales et cognitives plus élaborées que les nôtres pourraient exister. Quoique cette hypothèse ne soit pas difficile à imaginer, elle est impossible à tester puisque nous, en tant qu'espèce humaine, sommes incapables de nous projeter dans cette façon supérieure de penser. Cette hypothèse rejoint l'anthropogenèse d'Agamben[57] selon laquelle l'homme est toujours en train d'évoluer, et que donc l'anthropomorphisme de demain ne sera peut-être pas l'anthropomorphisme d'aujourd'hui.

---

[57] Agamben, G. (2018) *The Sacrament of Language: An Archeology of the Oath.* Redwood City, Stanford University Press, 79 p.

Le deuxième problème est de justement limiter l'évolution des capacités cognitives et de la conscience à un seul axe, une seule graduation allant du simplisme à l'anthropomorphisme. Ici il ne suffit pas de dire qu'il y a une façon de penser ou de réfléchir supérieure à l'homme (premier problème exposé ci-dessus) mais tout simplement différente : DES façons de penser et DES façons de réfléchir. Ainsi, dans son livre *Are We Smart Enough to Know How Smart Animals Are?*, Frans de Waal invite les personnes à ne pas se comparer avec les animaux et à ne pas les considérer comme plus ou moins intelligents que nous. Il n'y aurait pas de « autant intelligent que » ou de « moins » ou « plus intelligent » que nous, mais bien une intelligence différente qu'en tant qu'humains, nous sommes incapables de comprendre.

Ce dernier point amène donc à avancer le fait que s'il existe un anthropomorphisme comme manière de penser ayant évolué pour l'homme afin qu'il s'adapte mieux à son environnement, il existerait aussi un cynomorphisme pour les chiens ou bien encore un macacomorphisme pour les macaques, etc.[58] C'est-à-dire qu'un chien ou qu'un macaque qui observe le comportement d'un humain l'interprète comme si cet humain était respectivement un chien ou un macaque. Suivre ce raisonnement permettrait ainsi d'avoir une meilleure compréhension des comportements des animaux, de leurs causes et de leurs conséquences. Ceci conduirait surtout à une amélioration de notre relation avec les animaux, en cessant de vouloir qu'ils deviennent humains et en acceptant l'animalité singulière à chaque espèce, humain inclus.

L'anthropomorphisme est donc bon : bon pour l'homme, bon pour les sciences et bon pour les animaux. Mais cet anthropomorphisme, pour être bon, doit être critique (*critical anthropomophism*[59]) c'est-à-dire que notre empathie doit être tempérée par un savoir objectif de l'histoire, du comportement et de l'évolution de chaque espèce animale.

---

[58] Keeley, B. L. (2004) Anthropomorphism, primatomorphism, mammalomorphism: understanding cross-species comparisons. *Biology and Philosophy*, 19 (4) : 521-540.

[59] Morton, D., Burghardt, G., Smith, A. (1990) Critical anthropomorphism, animal suffering, and the ecological perspective. *The Hastings Centre Report*, 20 : 13-19.

Chapitre VII

Ogres, chanteurs, joueurs et combattants. Anthropomorphismes et zoomorphismes croisés en Thaïlande

Stéphane Rennesson et Annabel Vallard

Introduction

Animaux de la maisonnée ou de la forêt, choyés comme des enfants ou redoutés comme des ogres monstrueux, vantés pour leur caractère industrieux, leur art de la vocalise ou de la joute, le ver à soie domestique, le poisson combattant, le Bulbul Orphée et encore le scarabée rhinocéros, sont engagés en Thaïlande dans des relations interspécifiques intenses dans le cadre d'industries et de jeux humains. À partir de cas ethnographiques variés, nous verrons comment des spécialistes des interactions avec ces animaux procèdent conjointement à des projections d'attributs humains et de caractéristiques d'autres animaux, à un zoomorphisme croisé qui rebat les cartes de l'arbre phylogénétique en n'épargnant pas les acteurs humains de ces dispositifs interspécifiques. Nous montrerons plus particulièrement comment les collaborations qu'ils recherchent et travaillent subtilement empruntent une voie médiane entre l'exploitation de qualités animales par des humains pour leur seul profit d'une part, et la coopération pleinement et consciemment consentie de la part des autres espèces en question d'autre part.

Les relations qui nous intéressent ici engagent huit espèces : le papillon de nuit *Bombyx mori* L. ou *Bombyx* du mûrier (*moon*, litt. « le ver à soie du mûrier ») et le papillon de nuit *Philosamia ricini* ou *Bombyx* du ricin (*moon eri*, litt. « le ver à soie eri ») dans les filières séricicoles du Nord-est et du centre du pays, le « scarabée rhinocéros », *Xylotrupes mniszechi* tonkinensis (*kwaang*), dans des joutes combattantes dans le Nord du pays, le « poisson aiguille », *Dermogenys Pusilla* (*plaa khem*), et le « poisson combattant », *Betta Splendes* (*plaa kat*), engagés dans des duels dans toute l'Asie du Sud-Est et élevés pour la grande majorité dans la province de Chachoengsao, le Bulbul Orphée, *Pycnonotus jocosus* (*nok krong hua juk*, litt. « oiseau de cage à houppette »), parfois appelé condés sous nos latitudes et la tourterelle zébrée qui est en l'occurrence une Géopélie zébrée ou Colombine zébrée, *Geopelia striata* (*nok khao jawa*, litt. « oiseau blanc de Java ») participant à des concours de « chant » et l'*Homo sapiens*.

Dans les classifications phylogénétiques, ces espèces appartiennent à un règne (Animalia), deux embranchements (Arthropoda, Chordata), quatre classes (Insecta, Actinopterygii, Aves, Mammalia), et sept ordres (Lépidoptère, Coléoptère, Perciforme, Beloniforme, Passeriforme, Columbiforme, Primate). En Thaïlande, toutes sont soumises, à l'instar d'autres espèces, à l'autorité de manipulations et de projections symboliques de la dernière. De ce point de vue, elles n'appartiennent pas aux mêmes catégories vernaculaires que des espèces plus emblématiques comme l'éléphant et le tigre ou des espèces remarquables de la sphère domestique qui sont partie prenante d'une économie rituelle du sacrifice comme les buffles d'eau. Les espèces qui nous intéressent ne sont ainsi pas les plus évidentes pour évoquer les taxinomies thaïlandaises (siamoises). Tandis que la plupart des espèces de poissons et d'insectes ne se prêtent guère aux manipulations humaines, elles entrent aussi difficilement dans l'opposition structurante qui, localement, fait appartenir les espèces soit à la maison et à la sphère domestique (*sat ban*), soit à l'espace forestier (*sat pa*), cet espace « sauvage » non anthropisé[1].

Manipulations spécifiques

Ces sept espèces ont en commun une manipulation pratique, cognitive et émotionnelle intense par des spécialistes *Homo sapiens* dans diverses régions de Thaïlande. Dans les cas qui nous intéressent ici, les trois Arthropodes – qui se distinguent radicalement à la fois morphologiquement et phylogénétiquement des *Homo sapiens* et qui sont eux-mêmes très éloignés les uns des autres, à la fois phylogénétiquement et sur les représentations figurant les embranchements et les relations d'apparentement

---

[1] Tambiah, S. J. (1969) Animals are good to think and good to prohibit. *Ethnology*, 8 (4) : 423-459.

biologiques – ne font pas unité dans la taxonomie vernaculaire. Comme nous le verrons, tant les vers à soie que les scarabées rhinocéros peuvent appartenir au monde domestique *et* au monde sauvage, une opposition que leur mode d'être permet de questionner.

L'industrie séricicole thaïlandaise emploie deux espèces principales de papillons de nuit pour la production textile et aussi, dans une moindre mesure, alimentaire. L'une, la plus anciennement implantée, le *Bombyx mori* L., est associée à la sphère « domestique ». Ses représentants sont élevés dans les espaces communs, près de la cuisine, et parfois, en saison froide, sur les vérandas et dans les chambres. Ils sont nourris par les membres de la maisonnée, ce qui est très exigeant surtout en fin d'élevage, à partir de plants de mûriers cultivés dans les jardins adjacents de la maison et dans les champs familiaux. Les sériciculteurs se fournissent en graines – nom communément donné aux œufs dans cette filière – auprès des grainiers publics pour un coût modeste, des entreprises de filature privées qui les commissionnent pour les élevages et la production coconnière, de leurs voisins et affins ou encore en prélevant et en reproduisant eux-mêmes leurs lignées d'élevage[2]. Le *Bombyx mori* L. a la particularité de ne pouvoir vivre sans les êtres humains qui maîtrisent les conditions élémentaires de son existence (reproduction et alimentation) et en ont fait l'un des insectes biologiques modèles des sciences naturelles. Sa « domesticité » est d'ailleurs prisée dans les élevages ; les sériciculteurs reconnaissant à chacun des individus une « placidité » exemplaire, résultat de millénaires d'hybridations et de sélections de leurs caractéristiques morphologiques et comportementales[3]. L'autre espèce séricigène d'importance économique en Thaïlande est *Philosamia ricini* ou Eri. Originaire d'Inde (Assam), cette espèce est saisie seulement depuis les années 2000 dans le cadre de filières développementalistes et industrielles thaïlandaises cherchant à exploiter les déchets de la culture du

[2] Vallard, A. (2017a) Le filage d'un monde ou comment se fabrique la soie en Thaïlande. *Bulletin des séances* (Académie Royale des Sciences d'Outre-Mer, Belgique), 61 (4) : 545-579.

[3] Vallard, A. (2017b) Quand la vie ne tient qu'à un soupçon de sensibilité. Ethnographie de rapports interspécifiques à l'échelle des lépidoptères en Thaïlande. T*echniques&Culture*, 68 « Mondes infimes » : 134-161.

ricin (*Ricinus communis* L.) dont ce polyphage est friand. De ce fait, l'espèce investit des espaces relativement nouveaux pour la pratique de la sériciculture et est souvent élevée par des agriculteurs sans passé séricicole dans le cadre d'élevages séparés, symboliquement, de la maison. Ni tout à fait « sauvage », ni tout à fait « domestique », ce sauvageon en voie de domestication est en transition classificatoire si l'on peut dire. Comme toutes les autres espèces séricigènes considérées comme « sauvages » qui restent peu connues en comparaison du *Bombyx mori* L. et présentant donc un immense potentiel en tant qu'espèces presque *incognita*, *Philosamia ricini* fait l'objet d'hybridations et de sélections, son génome étant aussi pris en main par les biologistes.

Les scarabées, eux, doivent être préférablement « sauvages », du moins pour ce qui concerne les spécimens qui ont vocation à entrer dans la filière des jeux de combats dont ils sont les gladiateurs dans la région nord de la Thaïlande. Ils sont collectés lors de leur émergence entre fin août et début septembre. Les spécialistes n'arrivent pas à maîtriser leur reproduction pour la fabrication de champions dignes de ce nom. Si les individus patiemment sélectionnés sont parfois de superbes coléoptères aux atouts morphologiques guerriers prometteurs, ils n'ont jamais le cœur de lion qu'on attend d'eux sur le ring ! Ils n'en sont pas moins utilisés dans des concours de beauté parfois organisés en parallèle des tournois de combats. Les amateurs considèrent ainsi que pour être de bons combattants, les scarabées doivent être collectés en milieu sauvage. Ils doivent néanmoins passer par une phase d'entraînement et d'adaptation au monde humain particulièrement technique[4]. C'est au terme de cette « habituation réci-

[4] Grimaud, E., Rennesson, S. (2013a) *Les Rois du kwaang* [Kings of the Beetle]. Documentaire. CNRS-IIAC/CEM Cellule audio/vidéo. 57 minutes. Voir le site http://archive.org/search.php?query=kwaang (versions française et anglaise) (consulté le 11/02/2019) ; Rennesson, S., Césard, N., Grimaud, E. (2008) Duels en miniature : la délicate mise en scène des combats de scarabées au Nord de la Thaïlande. *Insectes*, 151(4) : 3-6 ; Rennesson, S., Grimaud, E., Césard, N. (2011) *Jeu d'espèces. Quand deux scarabées se rencontrent sur un ring*. In : Thiery, O., Houdart, S. (dir.) Humains, non-humains. Comment repeupler les sciences sociales, La découverte, p. 30–39 ; Rennesson, S., Grimaud, E., Césard, N. (2012a) Insect magnetism. The communication circuits of rhinoceros beetle fighting in Thailand. *HAU : Journal of Ethnographic Theory*, 2 (2) : 257–86, [en ligne] voir le site

proque », pour reprendre l'expression vernaculaire, de deux à trois semaines durant lesquelles joueurs et scarabées apprennent à se connaitre, ce qui est long au regard de l'espérance de vie de quatre mois maximum au stade adulte de l'insecte, que les scarabées sont censés pouvoir révéler tout leur potentiel martial. Cette idée s'adosse à une éthologie locale faisant de ces coléoptères mâles de quelque 5 à 7 centimètres des êtres prêts à affronter leurs semblables pour assurer la reproduction de leurs gènes.

Les Bulbuls Orphée et à certains égards les poissons aiguilles, dont le mode de reproduction est ovovivipare (les œufs éclosent à l'intérieur du corps maternel) rendant difficile la sélection de traits morphologiques ou comportementaux, sont aussi des spécimens de choix classés dans les « sauvages » bons pour jouer. Les enquêtes de terrain effectuées par Stéphane Rennesson et Emmanuel Grimaud ont révélé l'exploitation de cette incertitude dans les filières de jeu en question. Les stocks de poissons aiguilles sont essentiellement alimentés par la capture d'individus sauvages et les discussions d'amateurs tournent bien souvent sur le suspense quant aux qualités sportives réelles de ces premiers. Non seulement la morphologie laisse mal deviner les dons effectifs des différents spécimens, mais on prête à ces individus sauvages une grande instabilité d'humeur venant rajouter encore plus d'incertitude au jour le jour quant à la bonne expression de leur potentiel. D'autres espèces, plus contrôlées génétiquement, sont plus prévisibles. Ainsi, et contrairement aux poissons aiguilles et aux scarabées, les poissons combattants ovipares (dont la croissance des œufs se fait hors du corps de la mère) et les tourterelles sont savamment sélectionnés sur de nombreuses générations avant de pouvoir fournir des spécimens aptes à concourir selon les critères martiaux et esthétiques en vigueur. Poissons combattants et tourterelles sont considérés comme « domestiques » par rapport à leurs équivalents « sauvages » avec lesquels ils restent néanmoins interféconds. Le long travail d'affinage de leurs qualités sportives et ludiques laisse moins de place à l'expectative.

---

http://www.haujournal.org/index.php/hau/article/view/hau2.2.014/208 ; Rennesson, S., Grimaud, E., Césard, N. (2012b) Le scarabée conducteur. Le jeu de kwaang, entre vibration et coopération. *Terrain*, 58 : 94–107.

Du ver à soie à la tourterelle zébrée, toutes ces espèces suscitent l'intérêt des Thaïlandais au-delà de la manière dont ils classent les animaux. Convoquant ces différentes espèces et leurs manipulateurs humains, nous nous devons d'interroger les considérations pragmatiques qui non seulement subsument cette opposition symbolico-taxinomique entre « sauvage » et « domestique », mais la dépassent et la subliment. Que se passe-t-il quand, dans les filières qui nous intéressent, des humains tentent d'établir une forme de coopération avec des animaux présentant une grande altérité qui ne peut se réduire à la cosmologie locale ? En quoi ces animaux sont-ils intéressants alors qu'ils n'entrent, ni dans une économie symbolique explicite, en tant que symbole d'un groupe social, d'une région ou d'un pays ou comme animal sacrificiel, ni dans une économie énergétique en tant que nourriture ou force physique ?

Projections anthropomorphiques

Les Thaïlandais mettent au centre de leurs industries et jeux de coopération interspécifique des espèces « exotiques » nécessitant notamment l'emploi de projections anthropomorphiques aidant à réduire la distance phylogénétique et atténuer l'effet d'étrangeté.

L'une des espèces d'insectes les plus travaillées, en nombre d'individus, dans ce pays de la soie est sans doute le *Bombyx mori* L. ou ver à soie du mûrier. Animal holométabole, il participe d'un imaginaire fécond du fait de ses transformations successives au cours de son existence : graine, chenille, chrysalide, papillon. Dans la maisonnée, il est envisagé comme un enfant que les sériciculteurs – ici, le plus souvent des séricicultrices, la sériciculture étant considérée en Thaïlande comme une activité genrée – doivent nourrir et protéger des prédateurs, ces soins parachevant son statut d'animal « domestique » s'il en est[5]. Comme le petit enfant d'humains, la chenille est un être affamé et vorace qui quémande toutes les quatre heures sa nourriture aux premiers stades larvaires, stades larvaires qui sont les plus longs de son existence et donc ceux où les humains sont le plus en interaction avec elle. Ce monstre anthropomorphisé, véritable ogre

[5] Vallard, A. (2017a).

insatiable, voit ainsi son poids multiplié par 5000 au fil de sa croissance et de ses mues successives. Nous postulons l'idée selon laquelle ces projections anthropomorphiques permettent l'établissement d'une relation de maternage intense, à la fois technique, sensorielle et émotionnelle.

Cette anthropomorphisation des chenilles et la relation teintée de délicatesse et de tendresse que les séricicultrices entretiennent avec elles sont également liées à leur morphologie, à leur souplesse et à leur grande mollesse qui imposent une tactilité singulière, sous peine de mettre en danger leur existence. Comme les nouveau-nés d'humains, les chenilles sont des êtres considérés comme immatures. Et, même en grandissant, elles conservent tout au long de leur existence, et quelle que soit leur forme, une extrême sensibilité épidermique et une fragilité avec lesquelles les humains doivent composer. Ces derniers éprouvent dans cette relation à la fois leur capacité à la douceur, à une forme d'onctuosité et de discrétion, et une économie de contact physique, olfactif et vibratoire impliquant le recours fréquent à la médiation technique pour leur nourrissage, leur saisie et leurs autres soins. Les séricicultrices n'utilisent par exemple pas de savon parfumé pour ne pas perturber le système perceptif des chenilles chargé de phéromones et s'astreignent au silence et à la discrétion ainsi qu'à une certaine parcimonie dans leurs déplacements au sein de la magnanerie – local où se pratiquent les élevages –, notamment en période de mue quand les chenilles « dorment », comme elles le feraient pour un enfant sommeillant.

Dans le cadre des combats d'animaux, les projections anthropomorphiques sont aussi un moyen utilisé par les joueurs pour créer un pont entre les espèces, pour créer un lien émotionnel, et pour faire entrer les animaux dans un univers humain, cette fois-ci, ludique. Chaque espèce offre toutefois des prises différentes aux tentatives d'anthropomorphisation. Les poissons combattants qui mordent à la tête sont, par exemple, souvent comparés à l'archétype du boxeur sanguinaire, Mike Tyson, champion des lourds en boxe anglaise entre 1986 et 1996, réputé pour son manque de contrôle et son agressivité ! Ils sont l'objet de beaucoup de projections anthropomorphiques empruntant justement à l'aspect cruel et sauvage que les humains peuvent manifester[6] : drôle d'anthropomorphisme qui recherche dans le côté « sauvage » des humains l'idée d'une animalité bestiale qui peine parfois à être à la hauteur des espérances malgré des dispositifs de stimulation souvent insistants ! En effet, il ne se passe pas toujours grand-chose au fond de la jarre ou dans l'aquarium, au moins d'un point de vue humain. Les poissons offrent une étrangeté radicale dans laquelle il est parfois difficile de se projeter notamment en termes d'empathie psychomotrice, les schémas corporels des deux espèces en présence étant totalement différents. Même s'ils éduquent leur attention[7], les amateurs de combats de poissons peinent à se projeter dans les déplacements vifs des poissons qui échappent en grande partie à leur perception visuelle, encore plus dans ces longs moments de tranquillité et de relative immobilité pendant lesquels ils semblent s'accrocher l'un à l'autre pour se neutraliser[8].

Ce type de projections anthropomorphiques existe aussi chez les amateurs de scarabées pour combler des problèmes de perception pour les spectateurs parieurs placés un peu loin de l'action. Cela reste tout de même moins usité que pour les poissons, du fait d'une plus grande proximité des schémas psychomoteurs entre les coléoptères et les *Homo sapiens* qui permet une lecture plus immédiatement significative de l'action pour ceux qui sont situés à moins de deux ou trois mètres d'elle. En effet, les combats de scarabées sont des sortes de mini combats de jujitsu avec des prises, des projections, des immobilisations. Leur interpréta-

---

6 Sur la bestialité, en particulier celle de l'humain en Occident, voir Dittmar, P. O. (2009) Le propre de la bête et le sale de l'homme. In : Bartholeyns, G., Dittmar, P. O., Golsenne, T., Har-Peled, M., Jolivet, V. (dir.) *Adam et l'Astragale. Essais d'histoire et d'anthropologie sur les limites de l'humain.* Paris, MSH, p. 147-164.

7 Gibson, J. J. (1979) *The Ecological Approach to Visual Perception*, Boston, Houghton Mifflin, 332 p. ; Ingold, T. (2001) From the transmissions of representations to the education of attention. In : Whitehouse, H. (dir.) *The Debated Mind. Evolutionary Psychology versus Ethnography*, Oxford / New York, Berg, p. 113-153.

8 Grimaud, E., Rennesson, S. (2013b) *Eaux troubles/Murky waters* (Plaa Kat, 40' ; Plaa Kem, 28') Documentaire. Couleurs, mixage et effets spéciaux, Arghyro Paouri ; CNRS-IIAC/CEM Cellule audio/video. 108 minutes, voir le site https://archive.org/details/EauTrouble.

tion n'en mène pas moins à bien des polémiques lorsqu'il s'agit de décider lequel des deux spécimens prend l'avantage si l'un des combattants « refuse » le combat, situation qui est censée distinguer un vainqueur d'un vaincu[9]. Les actions des scarabées sont difficilement réductibles à des motifs anthropomorphiques tels que « combat », « victoire-défaite », « combativité-abandon ». Projeter ces concepts sur les échanges martiaux entre insectes est pourtant la seule manière de jouer avec eux, de créer un scénario qui devient significatif pour les joueurs et il faut bien s'y résoudre.

Au fil de ces premiers éléments a émergé le recours nécessaire en Thaïlande aux ressorts anthropomorphiques pour cadrer l'action d'animaux pris dans les industries et les jeux humains. Cet anthropomorphisme se double d'une prolifération d'ontologies variées plus ou moins circonstancielles aux actions engagées et commentées par les praticiens de ces mondes sociotechniques.

Proliférations ontologiques[10]

Les praticiens thaïlandais prêtent souvent aux animaux nonhumains de l'industrie séricicole les qualités des travailleurs industrieux qui ne se reposent que quelques jours pour dormir pendant leur mue et qui œuvrent le reste du temps comme des ouvriers dévoués et fidèles à leur unique tâche : produire de la soie. Ce potentiel a été travaillé au fil des millénaires par des séricicultrices qui se sentent elles-mêmes fourmis d'une industrie très consommatrice d'activités répétitives (nourricières notamment), de temps et d'énergie. Les animaux humains s'accordent ainsi pour dire qu'ils travaillent autant et dorment aussi peu que leurs collaborateurs fileurs de soie.

Au fil des siècles et millénaires de sélection et d'hybridation, les variétés commerciales de vers à soie se sont multipliées au

---

[9] Rennesson, S., Grimaud, E., Césard, N. (2011) ; Rennesson, S. (2019) Wrestling beetles and ecological wisdom: how insects contribute to the cosmopolitics of Northern Thailand. *Southeast Asian Studies*, 8 (1) : 3-24.

[10] Ontologique doit être ici compris au sens descolien du terme, à savoir les façons de concevoir les modes d'être, notamment comment celles-ci se structurent autour de l'opposition entre physicalité et intériorité (Descola, P. (2005) *Par-delà Nature et culture*, Paris, Gallimard).

point que les séricicultrices se sentent plus d'affinités avec les unes qu'avec les autres soit qu'ils les qualifient de trop fragiles, de trop passives ou de trop turbulentes, soit qu'ils les considèrent comme effrayantes voire dégoutantes en fonction de certains de leurs traits morphologiques (couleur, taille, poils, robe, texture, température du corps, densité des organes perçus à travers la peau, etc.). Dans le cadre des pratiques domestiques, ce sont les variétés locales qui sont souvent privilégiées : les séricicultrices leur attribuant *de facto* le nom de la localité ou de la région. Animaux humains et non-humains sont les enfants d'un même pays, d'un même terroir, et partagent les qualités d'un même milieu envisagées en particulier en termes de robustesse et de résistance, de tempérance et de dévouement.

Ce manque d'affinité au milieu – et leur introduction récente – semble « ensauvager » le *Philosamia ricini*. Les individus de cette espèce sont réputés pour être singulièrement robustes et peu dociles, et pour littéralement échapper aux manipulations et aux contraintes physiques des séricicultrices qui s'y essaient. Si les chenilles du *Bombyx mori* L. sont peu mobiles et attendent placidement leur nourriture, ce jusqu'à leur éventuelle mort, celles du *Philosamia ricini* explorent leur environnement à sa recherche, traversent les magnaneries pourtant confinées, descendent les escaliers, tendues vers les jardins. Il faut les contenir physiquement par divers dispositifs entravant leur liberté. Pour les séricicultrices habituées aux côtoiements et aux modes d'existence du *Bombyx mori* L., ces escapades hors des procédures séricicoles du *Philosamia ricini* sont surprenantes, parfois déstabilisantes. Elles en rebutent certaines, en séduisent d'autres, le plus souvent dans les régions non-historiquement séricicoles où cette espèce s'implante encore avec timidité, mais sans concurrence interspécifique.

Les séricicultrices et les soyeux de la région disent souvent que la réussite et l'échec des élevages, et la qualité de la production des cocons, dépendent de la qualité de la relation établie. Une bonne « mère » donnera des « enfants » heureux et productifs ; une « mère » attentionnée, dévouée et exigeante, des « enfants » en bonne santé, résistants et producteurs de beaux cocons, réguliers et propres. En ce sens, les propriétés et qualités de la matière soyeuse reflètent la teneur des relations interspécifiques qui sont intrinsèquement liées au milieu partagé, à ces espaces domestiques anthropisés et lépidoptérisés. Elles sont également organiquement liées à ces atmosphères domestiques, à ce « co-ambiançage » au fondement même de l'idée de « famille ». En Thaïlande, élever des animaux dans le cadre de la maisonnée relève, nous l'avons vu, du même champ sémantique que pour les enfants humains.

Loin de la placidité du *Bombyx mori*, on prête souvent aux animaux de concours, des valeurs combatives comme le courage et la férocité, et leur contraire bien sûr (peur, faiblesse, etc.). L'intensité et la richesse des spéculations sur l'intériorité des animaux (émotions et cognitions) sont néanmoins variables selon les espèces et les joueurs. De manière significative cette variation se retrouve pour chaque genre (scarabées, poissons, oiseaux), avec un contraste entre deux espèces quand il y en a deux (oiseaux et poissons), et entre deux types de jeux pour les scarabées. Pour ces derniers, cohabitent dans le jeu des joueurs considérant que les scarabées sont soit des machines réactives sans cerveau qu'il s'agit essentiellement de stimuler sinon de contrôler, soit, à l'autre bout d'un continuum tracé au fil des interactions avec les joueurs et amateurs de « bestioles », des êtres dotés d'une palette d'émotions et de performances cognitives, les humains en présence allant jusqu'à leur attribuer une âme, digne des plus grands stratèges militaires. Dans le premier cas, la science de la manipulation des joueurs est primordiale, tandis que dans le second, les amateurs revendiquent plutôt de parier sur le potentiel intrinsèque de l'animal sans trop essayer de peser sur le cours des débats entre les deux insectes[11]. Même si les positions intermédiaires et plus nuancées, sinon hésitantes, sont les plus nombreuses, les premiers trouvent leur bonheur dans un type de compétition où les paris individuels indexés aux résultats des combats importent le plus, des genres de casinos en quelque sorte ; tandis que les seconds s'épanouissent mieux dans les compétitions où ce qui est avant tout valorisé est la connaissance et l'intimité que les joueurs ont su cultiver avec leurs champions. Les vainqueurs de ces évènements sont, en effet, ceux qui ont gagné le combat ayant suscité le plus haut niveau de paris, et donc qui ont su cris-

[11] Rennesson, S., Grimaud, E., Césard, N. (2011).

talliser la confiance des parieurs autour du binôme qu'ils forment avec leur insecte.

On retrouve cette polarisation sous d'autres formes et d'autres modalités dans les autres compétitions. Les concours de chants d'oiseaux, par exemple, mettent en scène séparément les prouesses vocales de deux espèces fort différentes, deux espèces auxquelles on prête du moins des qualités contrastées. Les amateurs de tourterelles considèrent que celles-ci ne peuvent pas apprendre à « chanter » de leur vivant, tout du moins à vocaliser leurs cris d'alarme (*waow ku kou kou kouuuuu*), et que leur potentiel est déterminé génétiquement. Dès lors, en dehors de leur croisement sur au moins vingt générations à partir de spécimens sauvages, les éleveurs sont réduits à mettre leurs champions dans les meilleures conditions de santé et de confort comme ils prendraient soin d'un instrument à vent dont on nourrit le bois et/ou le métal et les éclisses. Il est beaucoup moins question de pedigrees dans les cercles de chant de Bulbuls. Ceux-ci sont réputés pour être des animaux plus sociaux et doués d'apprentissage. Leur sélection n'ayant pas donné de résultats probants, la filière dépend bien plus de la capture d'animaux « sauvages » mis par la suite en contact prolongé avec des congénères choisis à bon escient chez les meilleurs experts. Ceci afin que les oiseaux puissent s'apprendre mutuellement des motifs dont la variété et la clarté sont prisées par les juges lors des concours. Certains amateurs vont jusqu'à faire écouter de la musique symphonique à leurs volatiles préférés ! Si les soins apportés à la tourterelle la feraient passer pour un nouveau-né dont il s'agit avant tout de surveiller les indicateurs physiologiques, les Bulbuls sont essentiellement livrés à leur vie sociale et aux échanges plus complexes dans lesquels les humains ont néanmoins leur mot à dire. Les éleveurs interagissent beaucoup avec leurs Bulbuls, construisant, parfois sur une dizaine d'années, des complicités souvent très touchantes. Cela prépare aussi les Bulbuls aux conditions très anthropisées des compétitions. Pendant ces dernières, les éleveurs placés à quelque six mètres de leurs oiseaux ont droit de stimuler visuellement et auditivement leurs protégés selon des habitudes co-construites dans la cohabitation quotidienne, un peu à la manière des scarabées, notamment pour les joueurs prenant soin de dénicher et de révéler des insectes « intelligents ». Au contraire, les éleveurs de tourterelles ont interdiction de communiquer avec leurs oiseaux et même de pénétrer dans l'aire de concours proprement dite. Ils sont donc parfois dans l'impossibilité d'évaluer correctement la performance de leurs volatiles. Seuls les juges arbitres ont accès aux performances des oiseaux, le corps arbitral formant la seconde boite noire du jeu (après celle des sélections génétiques) dans laquelle toutes les incertitudes se concentrent. Dans le cadre des Bulbuls, la boite noire tient plus de la nature de l'influence immédiate des éleveurs sur la performance des oiseaux et de l'influence qu'ils peuvent avoir sur les arbitres qui sont placés à côté d'eux et qui ont à observer simultanément de deux à six oiseaux ! L'ambiguïté communicationnelle avec des spécimens d'une espèce réputée pour ses humeurs, ses états d'âme – un peu à l'instar des scarabées –, et dont la personnalité est parfois soulignée, est à son comble.

Au final, tout semble fait pour suspendre les jugements et éviter de décider une fois pour toutes si les espèces considérées sont douées d'une intériorité et laquelle. La question doit rester ouverte et la prolifération d'ontologies semble constituer un champ des possibles des plus fertiles.

Ambiguïté des relations de contrôle

La grande incertitude que les praticiens laissent planer sur les intériorités en présence cache mal la difficulté à imputer le contrôle des performances animales, soit exclusivement au pôle humain soit au pôle non-humain des dispositifs envisagés. Nous entrons ici plus spécifiquement dans la question de la qualification de la nature de la communication que les spécialistes sont à même de développer avec chaque espèce. Comment les vers à soie perçoivent-ils la présence discrète et médiatisée des soins maternels, comment les scarabées reçoivent-ils les vibrations des joueurs, comment les Bulbuls réagissent-ils aux injonctions phonatoires et motrices de leurs propriétaires, comment les juges sont-ils à même d'apprécier des différences de niveau de chant parmi 300 ou 400 volatiles. Jusqu'à quel point prolonger le combat entre des poissons ou des scarabées qui s'ignorent ?

Dans les élevages séricicoles, jamais les spécialistes humains ne sont en contact avec un individu ver à soie séparé[12]. Ils sont toujours en relation avec une foule prenant parfois corps en un être monstrueux au moment du nourrissage. Tandis que certains vers dits « sauvages » vont jusqu'à divaguer aux alentours, parfois loin de leur litière, les *Bombyx mori* L. restent fixement sur place, en attente. Les humains interprètent alors leur silencieuse attente, leur tête dressée, le mouvement coordonné de leur corps suivant les séricicultrices, comme autant de signes d'un organisme de surveillance, contraignant par une force silencieuse les humains à l'action. La pression est énorme. Les séricicultrices sont touchées par ces animaux dressés pour lesquels elles ressentent parfois une compassion intense. Certaines évoquent même le regard fixe empli de reproches que les chenilles semblent leur lancer en quémandant leurs soins. Les vers à soie imposent ainsi leurs conditions d'existence aux humains qui prennent soin d'eux et les transforment quand ces derniers n'offrent pas les qualités nécessaires à la satisfaction de leurs besoins de Lépidoptères. La sensibilité aux bruits/aux odeurs et à la luminosité des chenilles tempèrent les humains les plus extravertis, leur mollesse et souplesse morphologique les obligent à la délicatesse et à la lenteur, leur voracité leur impose une cadence, parfois de manière insoutenable. Ils zoomorphisent – voire lépidoptéromorphisent –, en quelque sorte leurs compagnons humains, quand ceux-ci anthropomorphisent les vers en les esclavagisant, non pas symboliquement, mais bien en leur imposant les conditions propices à leur bonne existence.

Le cas des scarabées est intéressant à cet égard. Essayant de s'assurer de la place qu'on lui donnait dans l'économie symbolique de l'animalité, l'ethnologue demandait systématiquement quelle place le *xylotrupes* occupait entre l'état sauvage et le domestique. Plutôt que de répondre directement, quelques interlocuteurs ont préféré tirer la comparaison entre les scarabées dont il est question et les éléphants. Ils arguèrent que comme les pachydermes, les scarabées peuvent être extrêmement obéissants, répondant fidèlement aux commandes et, en même temps, sont susceptibles de sortir à n'importe quel moment du dispositif dans

---

[12] Vallard, A. (2017b).

lequel on tente de les maintenir (pour des raisons qui restent obscures et que l'on attribue soit à l'appel de la forêt, soit à des variations d'humeur comme on le ferait pour un humain). Dans une perspective de technique de communication, il est donc plus utile de tisser des liens inédits dans l'arbre phylogénétique en recourant à des comparaisons interspécifiques plutôt que d'user du sacro-saint référent humain, même si celui-ci est en embuscade derrière la problématique pragmatique qui se pose dans le jeu. Des êtres animaux peuvent ainsi circuler, à l'instar des attributs de l'humanité, jusqu'à imprégner la structure même des dispositifs ludiques. Les différentes compétitions sont ici, en effet, construites sur l'exploitation de caractéristiques éthologiques, physiologiques et comportementales, et les animaux sont stimulés, sinon stressés, par des moyens analogues et extrêmes (vibration du stylet émulant la présence d'un mâle concurrent d'un côté, femelles captives et inaccessibles à l'intérieur du rondin où se déroule le combat qui sont censées libérer des phéromones de l'autre; violation du territoire bien au-delà des seuils de tolérance habituels pour des animaux fortement territoriaux comme les poissons et les oiseaux envisagés par notre étude). Les amateurs de jeux dont les animaux sont les pièces principales ne peuvent se contenter de projeter des traits humains sur leurs champions. Ils doivent surtout accepter le défi communicationnel que ceux-ci leur posent, se laisser imposer un « monde sensible », une *Umwelt*, tel que le biologiste allemand Jakob von Uexküll l'a défini[13]. Ils s'enivrent avec allégresse et enthousiasme dans les vapeurs d'un bain d'altérité radicale, dans des dispositifs ludiques qui sont avant tout des dispositifs expérimentaux en zoomorphisme comparé immergeant les amateurs dans des mondes vibratoires aux fréquences inédites.

En guise de conclusion

Dans cette présentation, nous ne voulions pas comparer ces différentes espèces, leurs ontologies et pratiques dans le cadre des taxinomies, discours et représentations, mais essayer de saisir les articulations relationnelles et les ambiances sensibles qu'elles co-créent dans la relation avec leurs particularités sensorielles

[13] von Uexküll, J. (2010) *Milieu animal et milieu humain.* Paris, Rivages, 173 p.

singulières qui sont irréductibles à l'espèce considérée. Comment collaborent-elles à créer des substances et du spectacle, à générer par le biais notamment des techniques, des ambiances ? Il s'agit finalement, comme le proposait Jean Painlevé avec ses outils scientifiques et cinématographiques (ralentissements et plans macrographiques), d'« étudier l'animal non pas pour ce qu'il représente, la métaphore ou l'allégorie qu'il figure souvent, mais bien pour ce qu'il est »[14]. Les dispositifs techniques élaborés par les professionnels des vers à soie et les joueurs dont il a été question ci-dessus font penser aux procédés techniques dont Painlevé a mis au jour cinématographiquement les modes de vitalité spécifiques, des fonctionnalités physiques et physiologiques, des modes de croissance et de développement (morphogénèse) et des schèmes comportementaux d'espèces sous-marines variées. Selon une forme de surréalisme à La Vigo plutôt qu'à La Breton, un surréalisme qui va chercher un ordre supérieur de réalité dans le monde sensible plutôt que dans les méandres de l'imagination libérée de la rationalité[15], l'artisanat des vers à soie et les jeux interspécifiques dont il a été question révèlent la manière dont chacune des espèces est le premier acteur de son monde propre et comment ce dernier peut se coupler avec celui des humains de façon à créer des sphères de cohabitation insolites.

Nous avons montré que les humains doivent composer avec les mondes que perçoivent et leur imposent les autres animaux. L'avantage de cette vision est de ne pas spéculer sur l'intériorité des êtres, mais d'étudier la manière dont elle se construit de l'extérieur dans tout phénomène vivant. Ces industries et jeux ne peuvent ainsi être réduits à la difficile tâche de rendre des actions animales non humaines significatives pour des humains. Les animaux ne sont pas seulement des ressources symboliques sur lesquels projeter des problématiques humaines (un peu comme l'avait fait Clifford Geertz pour les combats de coqs à Bali[16]), pas

---

[14] Berne, M. (2014) Non pas cobaye mais vedette : gros plan sur l'animal vivant chez Painlevé. *Studies in French Cinema*, 14(3) : 217.

[15] Hamery, R. (2008) *Jean Painlevé, le cinéma au cœur de la vie*. Rennes, Presses Universitaires de Rennes, 314 p.

[16] Geertz, C. (1972) Deep play: notes on the Balinese cockfight. *Daedalus*, 101 : 1- 37.

plus qu'ils ne peuvent être réduits à de simples problématiques alimentaires et énergétiques.

La tension industrieuse et ludique se nourrit et n'est pas seulement traversée par des oppositions de types sauvage/ domestique, humain/non humain, mais par une véritable mise en acte de solutions de continuité et de discontinuité où les statuts des uns et des autres sont souvent ambigus et instables.

Le recours à l'anthropomorphisme et au zoomorphisme est bien sûr utilitaire dans le sens où il permet de créer des liens émotionnels. C'est aussi et surtout un point de départ, un pont depuis lequel jeter des amarres, un moyen de donner une chance aux potentiels de connexion entre les espèces. Loin de constituer des raccourcis cognitifs que l'on prête souvent par paresse intellectuelle aux esprits « archaïques » (enfants ou populations sauvages par exemple), ces projections sont de véritables embrayeurs relationnels qui engagent de manière pas nécessairement facile l'humanité ou telle autre animalité en soi, mais aussi et de manière plus complexe et plus profonde, des fonctionnalités physiques et physiologiques, des modes de croissance et développement (morphogénèse), des manières de faire vie.

Les cadres industriel et ludique permettent de laisser proliférer un ensemble de connexions possibles entre des mondes sensibles forts différents si l'on considère comme von Uexküll que la complexité du monde intérieur correspond à la complexité de la perception du monde extérieur. Les Thaïlandais laissent ainsi toujours une place importante à l'incertitude et se gardent bien de statuer définitivement sur les statuts interactionnels des uns et des autres, tant au niveau individuel qu'à l'échelle d'élevages et de compétitions ou même à celle de la structuration technique et institutionnelle des dispositifs industriels et ludiques. C'est encore plus évident en comparant tous ces jeux d'espèces qui ne se recouvrent que plus ou moins sociologiquement. Ils prennent alors la forme d'un gigantesque laboratoire de co-création de cohabitations interspécifiques plutôt que d'une série de bancs d'essai de la singularité humaine.

On peut au final concevoir les attributions croisées anthropomorphiques et zoomorphiques, de traits monstrueux et héroïques appartenant tant aux registres de la morphologie, de l'éthique et du comportement comme un arsenal technique de la médiance, qui traverse les paroles, le comportement et la partie plus matérielle des dispositifs en question. L'idée de médiance est ici empruntée à Augustin Berque qui traduit la notion de *fûdosei* de Watsuji[17]. Notre travail suggère que la médiance est une disposition d'être au monde que nous partageons avec d'autres, notamment d'autres animaux. Ces derniers sont également à même d'imposer à d'autres espèces les conditions de leur monde sensible. Les stratégies d'attribution qui passent par la parole ne sont qu'un épiphénomène dans une machinerie de mise en commun qui fonctionne essentiellement sur des embrayeurs sensoriels. Si les sept espèces non-humaines participent d'une manière ou d'une autre des filières techniques de la fabrication de la soie et de divertissement, leurs partenaires humains acceptent de perdre un minimum la main et de se perdre non sans une certaine extase et délectation dans des rythmes et des mouvements exotiques, depuis la lenteur des vers à la fugacité des morsures des poissons et des trilles frénétiques des Bulbuls en passant par l'étrange monde vibratoire des scarabées.

---

[17] Watsuji, T. (2011) *Fûdo, le milieu humain*. Traduction française de Augustin Berque, Paris, CNRS Éditions, 336 p.

Chapitre VIII

Bande dessinée : une ambivalence constitutive. Pièges, ruses et richesse de l'hybridité

Thierry Groensteen

L'anthropomorphisme, qui a donné à la bande dessinée quelques-uns de ses fleurons, de *Mickey Mouse* à *La Bête est morte*, de *Pogo* à *Maus*, peut être défini comme une forme de l'hybridité.

Les dessinateurs se sont souvent amusés à hybrider les animaux entre eux. En témoigne, entre cent exemples, la planche tirée des *Cauchemars de l'amateur de fondue* de Winsor McCay publiée le 24 octobre 1908, où dix-sept « animaux-valise » défilent sous les yeux d'un chasseur incrédule. Et déjà, trois ans plus tôt, *The Muddled Menagerie*, de Harvey Crane, publiée pendant une dizaine de semaines dans le *New York Herald*, dont chaque planche explorait toutes les combinaisons graphiques possibles entre un petit nombre d'animaux décomposés en morceaux.

Cependant, l'hybridation à l'intérieur du règne animal et l'hybridation entre celui-ci et l'espèce humaine ne sont pas de même nature. Car ce qui est engagé dans l'anthropomorphisme, c'est moins une synthèse graphique – littéralement un *coq à l'âne* – que la confrontation entre deux façons d'être au monde.

« Moi, je ne supporte pas ces bêtes qui parlent ! » Ces mots sortent de la bouche de Milou, le compagnon de Tintin, et ils lui sont inspirés par le perroquet que la Castafiore a introduit à Moulinsart. Or, les prononçant, il est lui-même, de toute évidence, une bête qui parle.

La parole est l'un des grands vecteurs d'anthropomorphisation des animaux dans les littératures dessinées ; elle fait d'eux des êtres conscients, pensants, discourants, des sujets de l'action à part entière.

Milou pourtant ne se redresse jamais sur deux pattes, et se comporte aux côtés de Tintin comme un chien de compagnie, pourvu de toutes les qualités attendues de lui, à commencer par l'indéfectible fidélité à son maître. Et la phrase citée plus haut, tirée des *Bijoux de la Castafiore*, est exceptionnelle ; car, s'il parlait beaucoup dans les premiers épisodes de la série, il avait été réduit au silence dès l'instant où Tintin s'était trouvé un véritable partenaire en la personne du capitaine Haddock. Et même au temps de l'épisode inaugural, *Tintin au pays des Soviets*, on peut observer qu'en fait de dialogue entre Milou et son maître, il s'agissait bien plutôt de la juxtaposition, ou plus exactement de l'interpolation, de deux soliloques. Et que, si Milou entend ce que lui dit Tintin, l'inverse n'est pas vrai : pour Tintin, Milou est bel et bien muet, comme tout chien qui se respecte. Les paroles qui lui sont prêtées, par convention, sont donc un leurre ; elles n'élèvent pas Milou au-dessus de sa condition animale, elles le mettent seulement à portée de la sympathie des lecteurs, des *jeunes* lecteurs en particulier.

Cependant, Hergé est allé plus loin en prêtant au sympathique fox-terrier une conscience morale. En plus d'une occasion, Milou a été montré délibérant entre les voix qui lui prêchent le Bien et le Mal, incarnées par un bon ange et par un diable à têtes de chien.

Mais il est bien d'autres marqueurs d'anthropomorphisme que le langage ou la conscience : la station debout, l'habillement, l'habitat, le travail, les comportements sociaux, amoureux, politiques – sans oublier le sens de l'humour. Or, ces différents traits se rencontrent dans des combinaisons variables selon les personnages, dans ce genre canonique qu'est la bande dessinée dite animalière.

Prenons l'exemple de *Krazy Kat*, la série dessinée par George Herriman de 1913 à 1944, unanimement considérée par les spécialistes comme l'un des plus grands chefs-d'œuvre de l'histoire de la bande dessinée. On connaît l'argument autour duquel le *cartoonist* a brodé des variations pendant trois décennies. Ignatz, la souris, jette une brique à la tête de Krazy, le chat. Témoin du forfait, Offissa Pupp, le chien policier, arrête l'agresseur et l'incarcère. Mais Krazy ne se considère pas comme agressé, bien au contraire : à ses yeux, chaque brique reçue est une preuve d'amour, un cadeau de son « petit ange ».

Ce thème, ou leitmotiv, se prête à différentes interprétations. Les rapports de violence et d'autorité y sont inséparables des rapports amoureux, mais les uns et les autres baignent dans l'ambiguïté (Krazy n'a pas de sexe identifié ; le chien policier a lui-même un faible pour le chat, de sorte qu'en coffrant Ignatz, il élimine un rival) et la logique de leurs agissements est complètement pervertie (c'est ici le rongeur qui s'en prend au chat, son prédateur naturel).

Il eût été impensable de raconter pareille histoire avec des personnages humains. Leur qualité d'animaux fait de Krazy, Ignatz et Pupp des entités plus abstraites, à l'identité plus flottante, et affranchies de tout lien de sujétion à la réalité, à la rationalité : *actants* plutôt que personnages à part entière.

Par ailleurs Krazy est nu, mais manipule fréquemment des accessoires (ombrelle ou banjo). Offissa Pupp, nu lui aussi, n'en porte pas moins les attributs de sa fonction : casquette, étoile, matraque. Quant à Ignatz Mouse, Herriman nous révèle en plus d'une occasion qu'il est père de famille, et nous pouvons voir sa femme et leurs trois souriceaux dans le décor d'une maison on ne peut plus bourgeoise.

Quelques caractères secondaires gravitent autour d'eux, parmi lesquels un commerçant (Kolin Kelly, le marchand de briques) ou le type social de la commère, Mrs Kwakk Wakk (« Madame Blabla »).

Le « comté de Coconino », région désertique de l'Arizona, sert de décor à *Krazy Kat*. Il constitue une scène elle-même nue et assez abstraite, en son dépouillement. Mais dans ce désert, le petit monde imaginé par le dessinateur n'en réussit pas moins, métaphoriquement, à « faire société ».

Il faudrait une étude détaillée, dont je n'ai évidemment pas le temps ici, pour voir comment des traits d'animalité et d'humanité se combinent en nombre et en proportion variables dans des séries telles que *Pogo*, de l'Américain Walt Kelly, *Tom Poes*, du Néerlandais Marten Toonder, *Chlorophylle*, de Raymond Macherot, *La Jungle en folie*, de Delinx et Godard, *Le Baron noir*, de Got et Pétillon, ou encore *Petzi*, des époux Hansen – pour ne citer que celles-là – et comment, les traits en question répartis sur un petit nombre de personnages complémentaires et archétypaux, ces derniers parviennent toujours à « faire société », c'est-à-dire à donner l'illusion d'un monde complet et cohérent.

Les créateurs de bande dessinée se montrent en cela les dignes successeurs de Balzac, qui, dans les *Scènes de la vie privée et publique des animaux,* excellait dans l'art d'entretenir la confusion entre *espèces zoologiques* et *espèces sociales*, mettant en scène des animaux pourvus d'un regard, d'une parole et d'un corps.

Dans d'autres bandes dessinées, les animaux et les humains se côtoient. Et leur confrontation prend quelquefois des tours inattendus.

Ainsi, dans la série *Lucky Luke*, on peut se demander si la bêtise légendaire du chien Rantanplan est d'une nature différente de celle d'Averell, le plus grand des Dalton. Chez le dessinateur Binet, il était patent que Kador, le chien, régulièrement plongé dans la lecture de Kant, était bien plus intelligent que ses maîtres, les Bidochon.

Ces questions se posent moins lorsque les héros sont un animal et un enfant formant une paire indissociable. Je pense à Boule et Bill (de Roba), à Anna et Froga (d'Anouk Ricard) et à bien d'autres, mais surtout aux merveilleux Calvin et Hobbes, dans le *comic strip* de Bill Watterson. Car leur connivence est telle que l'on tend à oublier qu'il existe une coupure ontologique entre les deux compères ; la frontière semble plutôt passer entre eux, qui sont du côté de l'insouciance, du jeu, de l'exubérance du corps, et qui font droit à l'imagination, et les adultes, voués au sérieux et à une forme de rigidité, dépourvus de fantaisie.

Dans la bande dessinée, les enfants sont comme de petits animaux. C'est ce que rendait explicite, en 1962, une réédition new-yorkaise de *Max und Moritz*, le livre illustré de Wilhelm Busch, *bestseller* toutes catégories au XIXe siècle, qui annonçait, en sous-titre : « des auteurs de méfaits plus ou moins humains ou approximativement animaux » (*mischief-makers more or less human or approximately animal*).

Snoopy, le chien de Charlie Brown – dans *Peanuts*, le chef-d'œuvre de Charles M. Schulz – est à mettre à part, lui qui ne témoigne jamais aucune affection, aucune reconnaissance envers son maître, seulement une cruelle indifférence. Ce chien se suffit à lui-même, et aucun personnage de bande dessinée n'a jamais mieux que lui illustré la puissance fabulatrice de l'imagination. En effet, Snoopy se projette par la pensée dans toute une série de rôles fantasmatiques plus gratifiants les uns que les autres qui, de toute évidence, n'ont d'existence que dans la société des humains. Il s'imagine tour à tour en as du ciel de la Première Guerre mondiale, en sergent de la Légion étrangère, en capitaine des pompiers, en chef de patrouille scoute, en avocat, en astronaute, en chirurgien, en champion de patinage à glace, etc. Et toujours le dessin vient accréditer la rêverie du chien mythomane : nous le voyons porter l'uniforme scout, la robe d'avocat ou le casque de pompier ; astronaute, il atterrit bien sur le sol de la lune ; pilote de guerre éjecté de son avion ou parachuté, il arpente le sol de la France et un écriteau atteste que la scène est à Pont-à-Mousson.

Un autre de ses rôles récurrents est celui de l'écrivain, et on le voit alors rédiger des débuts de romans sur une machine à écrire posée sur le toit de sa niche.

En vérité, le statut de ces héros hybrides que sont les animaux pensants et parlants est souvent frappé d'instabilité, ou pétri de contradictions. Il est même, à mon sens, souvent difficile de décider s'il convient d'en parler comme de créatures zoomorphes (des humains auquel l'artiste prête un masque animalier) ou d'animaux anthropomorphes (des bêtes auxquelles il prête certains comportements humains). Cela dépend uniquement, je crois, du regard que nous choisissons de porter sur eux ; c'est affaire de perspective.

Je m'attarderai à un cas d'espèce, celui de Gai-Luron, héros créé par le regretté Gotlib dans les pages de l'hebdomadaire *Vaillant*. La série, apparue en 1962, a d'abord eu pour titre *Nanar, Jujube et Piette*. Trois ans plus tard, elle était rebaptisée du nom d'un *side character* promu vedette, le chien *Gai-Luron*, lequel évinça rapidement le petit garçon, Nanar, et la petite fille, Piette, n'ayant plus que le renard Jujube pour partenaire.

Au début, Jujube était à quatre pattes et ne parlait pas – sauf une onomatopée : « *Grogn* ». Bientôt il émet des bulles de pensée. Mais quand, prenant exemple sur la fable du *Corbeau et du renard* (car ce renard a des lettres), il s'essayera à flatter une poule, il ne réussira à émettre que des sons inarticulés : « *Grogn... glap... gna... grof... gla...* » Par ailleurs, il dort dans une niche semblable à celle d'un chien.

Mais un jour, Jujube s'est redressé, il s'est mis à marcher sur ses pattes arrière ; de plus, il parlait, et même, il s'adressait directement aux lecteurs. C'est trois semaines après cette métamorphose que Gai-Luron – présenté comme le chien d'un voisin, le père Laglume – fit sa première apparition.

Jujube a gardé longtemps une allure un peu contrefaite. Il avait toujours l'air d'hésiter entre la position à quatre pattes et la position redressée. Gotlib a senti le besoin de le faire évoluer et, dans l'épisode « Institut de beauté » (*Vaillant/Pif* n° 1169 et 1170), Gai-Luron envoya son ami subir une opération de chirurgie esthétique. Dès lors, Jujube ressembla beaucoup plus, morphologiquement parlant, à Gai-Luron lui-même, dont ne le différenciaient plus que des épaules plus larges, une queue touffue et, bien sûr, la tête.

Gai-Luron, quant à lui, est un chien, mais il semblait l'oublier quand, dans l'épisode « Toutou rien » (*Vaillant/Pif* n° 1113), il se rendait dans un chenil pour acheter lui-même un chien car il avait « *besoin de reporter toute son affection sur un pauvre être sans défense* ». Il passait alors en revue les différents candidats à l'adoption : un Saint-Bernard, un Pékinois, un Lévrier anglais, un Boxer, un Teckel, un Briard… ; bonne occasion, pour Gotlib, de s'amuser de l'hétérogénéité des races et d'en caricaturer les traits distinctifs.

Il l'oublie aussi quand des vêtements d'emprunt ou de circonstance viennent oblitérer sa nudité habituelle. On le verra en infirmier, en chasseur, en homme du monde – avec habit, haut-de-forme, canne, monocle et cigare, en demoiselle, etc., sans compter les costumes liés à l'« emploi » qu'il occupe, le temps d'un épisode : égyptologue, alpiniste ou cosmonaute, par exemple.

Par ailleurs, Gai-Luron habite dans une maison d'un quartier pavillonnaire, tout comme la chienne de son cœur, Belle Lurette, a la sienne.

Leur relation amoureuse mérite qu'on s'y arrête. Faute de pouvoir évoquer les relations intimes que l'on devine entre Gai-Luron et Belle Lurette, Gotlib a recours à une métaphore : la bataille navale ! Belle-Lurette adore ce jeu et ne cesse de réclamer de nouvelles parties. Le subterfuge est assez clairement dénoncé dans l'épisode du 10 janvier 1970 (*Pif Gadget* n° 1284) : après avoir « *batifolé* » dans la campagne, les deux amoureux vont disputer une partie de bataille navale « *derrière un buisson discret* ». Quinze ans plus tard, Gai-Luron fera son retour dans *Fluide glacial*, pour une série d'histoires réunies en album sous le titre *La Bataille navale... ou Gai-Luron en slip*. Dans ce magazine pour adultes, Gotlib pourra développer ce qui, sauf peut-être pour les plus jeunes lecteurs, était déjà parfaitement clair.

On l'a dit, avant de revenir tardivement en slip, Gai-Luron était nu, comme il sied à un chien (sauf quand il se déguisait). Étrangement, Belle-Lurette, elle, était habillée : chemisier, jupe plissée, chaussettes montantes, nœud sur la tête. Et l'on peut remarquer entre eux une autre dissymétrie : il la tutoie, tandis qu'elle, de son côté, ne s'adresse à lui que sur le mode du vouvoiement – lui donnant même fréquemment du « *Monsieur Gai-Luron* ».

La nudité de Gai-Luron était une nudité de convention, une nudité inconsciente d'elle-même. Or, dans *La Bataille navale*, Gai-Luron s'avise pour la première fois de sa nudité. Le voilà pourvu d'un appareil génital qui, étrangement, se refuse à la représentation. Nu, on ne lui voit pas de sexe ; habillé, on lui devine un bel organe !

Bien sûr, la sexualité ne trace pas de ligne de séparation entre les hommes et les chiens, mammifères les uns et les autres. La question qu'elle soulève ici est autre : Gai-Luron est-il un vrai chien, donc un être de chair, sexué, ou une entité abstraite, un être imaginaire relevant des seules lois de la fiction ?

Gotlib avait donné à Franquin l'idée d'une histoire courte, *Slowburn*, publiée en 1977 dans *Fluide Glacial*. On y assistait à une copulation frénétique entre une chatte et un matou ; mais à la fin, la demoiselle se plaignait de ce que le mâle ait mis fin à leurs ébats avant qu'elle ne soit parvenue à la jouissance, et elle ouvrait le tiroir d'une commode pour en sortir un sex-toy. Pour le coup, une ligne était franchie entre la sexualité animale et la sexualité humaine, on passait, et c'était tout le sel de l'histoire, d'un ordre de comportement à un autre.

Mais revenons à Gai-Luron. Il a été noté qu'il s'agit d'un personnage à la définition faible, moins un *character* qu'un *performer,* capable d'endosser une multitude de rôles.

Chez Gotlib, le levier de ses métamorphoses les plus mémorables n'est pas, comme pour Snoopy, la puissance fabulatrice de l'imagination ; c'est la parodie. En effet, Gai-Luron endosse, entre autres identités d'emprunt, les habits de Cyrano, de Tarzan, de Lucky Luke, de Zorro, de Surcouf ou de Don Quichotte[18], et Gotlib s'en donne à cœur joie dans le détournement parodique des œuvres souche. Gai-Luron y apparaît plus que jamais comme un personnage composite puisque, sans se départir de son apparence propre (notamment de ce flegme et de cette nonchalance à toute épreuve qui sont ses traits les plus caractéristiques), il emprunte costume, accessoires, répliques, agissements, à autant de modèles littéraires, ou de figures de légende.

Il y a encore une autre dimension de la série qui ajoute un tour supplémentaire à l'ambiguïté constitutive de Gai-Luron. Je veux parler des procédés réflexifs mobilisés par Gotlib. Ils sont de toutes sortes : la page est déchirée, ou tachée, ou c'est la case qui se décolle, les bulles qui restent vides parce que le son est coupé, et ainsi de suite. Cette réflexivité prend un tour métaleptique quand Gai-Luron rend visite à son créateur, reçoit le rédacteur en chef du journal dont il est l'un des personnages, et à ce titre l'employé, ou encore dialogue avec ses lecteurs, répond à leur courrier. Gai-Luron se donne alors pour ce qu'il est vraiment : ni homme ni bête, mais tout simplement un être de papier, dont le mode d'existence doit presque tout à l'imaginaire et bien peu de choses aux catégories du monde réel.

---

[18] Ces histoires sont pour la plupart reprises dans l'album *Gai-Luron fait rien qu'à copier*.

Chapitre IX

Jean-Luc Parant. Des animaux et des hommes

Lydie Parisse

Ce texte aurait pu s'intituler *Des animots et des hominiens*, reprenant le néologisme de Jacques Derrida[236], mais nous avons opté pour une terminologie plus classique en lien avec le lexique du poète que nous allons étudier. À la problématique de l'anthropomorphisme, qui se pose dans les approches contemporaines liées aux sciences de la nature ou à la défense de la cause animale, correspond un besoin de distance critique face aux processus théoriques d'identification de l'animal à l'humain, et de l'humain à l'animal. La question centrale est bien celle du regard que nous portons sur l'autre, sur ce qui est différent, voire sur l'inconnu. Or, à côté des sciences humaines et sociales, la création artistique elle aussi, à sa manière, peut-être, chez certains écrivains et artistes, considérée comme une démarche herméneutique, c'est-à-dire comme une méthode d'interprétation du réel. L'art, la littérature fabriquent aussi des savoirs sur la vie – et sur le vivant.

Jean-Luc Parant est un poète et plasticien qui se dit « fabricant de boules et de textes sur les yeux ». D'après Pierre Vilar, son œuvre est une œuvre encyclopédique. Sa poésie peut traiter de tout, de la beauté, de la rencontre avec un président de la République, d'une poule… D'autre part, tout comme la Terre est tantôt éclairée, tantôt plongée dans l'obscurité, la langue de Parant oscille sans cesse entre les contraires, sur le modèle de la bipartition du jour et de la nuit, ou encore de la figure du cercle : c'est un parcours philosophique, un geste philosophique continu, tel qu'on le trouve chez Héraclite, ou à travers le modèle d'Ulysse (pour connaître, il faut faire le tour du monde) ou celui de Pythagore (pour connaître, il faut s'installer au milieu du cercle et re-

[236] Derrida, J. (2006) *L'animal que donc je suis*. Paris, Galilée, 232 p.

garder les astres). « Le monde de Jean-Luc Parant est un univers clos qui a sa propre cohérence, sa propre logique, son propre langage [237]», écrit l'auteur de la préface du catalogue de l'exposition de Rodez en 2005.

Jean-Luc Parant a publié de nombreux livres de poèmes et de dessins et réalisé des éboulements dans les plus grands musées. Publié, comme Jean-Christophe Bailly, aux éditions Christian Bourgois[238], il est passionné par les animaux, qu'il décrit comme des créatures de la nuit, par opposition à l'humain, qui, selon lui, est une créature du feu. Sa bibliographie sur les animaux est importante puisqu'il a publié 34 livres dont nous citerons seulement quelques-uns[239]. Dans *La Face et le profil*[240], il évoque les hommes qui ont peint des animaux dans les grottes préhistoriques, geste qu'il interprète comme un acte de séparation (d'avec l'animal). Dans *Animaux. Le dos et la face des animaux*, il écrit que « l'homme est tout entier dans sa tête, les animaux sont tout entiers dans leur corps[241] ».

Dans tous ses textes sur les animaux, Jean-Luc Parant décline les facettes d'une cohabitation mystérieuse de deux habitants de la même « maison[242] », que sont l'homme et de l'animal : comme deux pôles d'une même présence-absence sur la terre. Si sa perspective n'est pas une perspective « critique » (comme celle d'un philosophe ou d'un scientifique), elle pose néanmoins la question du regard que nous portons sur l'animal, et des hypothèses que nous émettons sur la manière dont l'animal nous regarde et regarde le monde. Sa démarche a le mérite de souligner le cloisonnement de nos approches, tentant, à travers ses phrases et ses éboulements infinis, un décloisonnement du regard.

---

[237] Parant, J-L. (2005) *Animaux. Le dos et la face des animaux*. Rodez, Éditions du Rouergue, p. 7.

[238] Parant, J-L. (1998) *L'Adieu aux animaux*. Paris, Christian Bourgois, 188 p.

[239] Notons *Les Yeux goinfres*, Paris, Voix, 1990 ; *Les animaux, les enfants, les femmes, les hommes*, Paris, La Différence, 1991 ; *Les animaux, le retour*, Montpellier, Fata Morgana, 2001 ; *Mémoire du merveilleux*, Marcel Le Poney, Arles, Actes Sud, 2016.

[240] Parant, J-L. (1988) *La Face et le profil*. Paris, Terre de poésie, 59 p.

[241] Parant, J-L. (2005) *Animaux. Le dos et la face des animaux*, *op. cit.*, p. 28.

[242] Corine Pelluchon évoque ainsi l'*oïkos* (« maison » ou « cellule familiale » en grec) que partagent les animaux et les hommes dans « Le Souci de soi et du monde », *Le Nouveau Magazine Littéraire*, juin 2018, n°6, p. 37.

Tout d'abord, dans *Le Dos et la face des animaux*, il écrit :

> « Je suis né en 1944, comme un animal, par le ventre de ma mère. J'aurais pu être un fou de Bassan, un requin des sables ou un éléphant d'Afrique et n'habiter que l'air ou l'eau ou la terre, avoir des plumes ou des écailles ou des poils. Mais je ne suis pas un animal, j'habite loin du monde, j'habite la lumière, seule ma peau me recouvre pour me protéger du soleil et de son feu qui me brûlerait. (…) Tout entier dans ma tête, loin de tout, touchant juste le sol sous mes pieds, je ne sens ni le vide sans fin au-dessus de moi, ni la terre et l'eau qui s'étendent devant moi. Mais je pense comme si j'étais tous les animaux à la fois et que je pouvais avec ma pensée voler dans l'air, nager dans l'eau et ramper sur la terre, être partout en même temps, dans tous les éléments. Je pense et mon corps a toutes les formes, toutes les tailles, des plus infimes aux plus infinies[243]. »

Selon lui, nul ne peut faire son autoportrait car nul ne peut se voir en entier (chacun ne peut se voir que de face, le dos étant la partie vue par les autres). Jean-Luc Parant, dans son approche encyclopédique, se livre à une déclinaison poétique, du point de vue de l'infini, des différences entre les humains et les animaux. Des animaux, tout comme la terre, on ne peut jamais voir que le dos, alors que l'homme se présente de face. « Les animaux n'existent que dans l'obscurité parce que la terre est de dos dans la nuit[244]. » Mais si l'infini est inaccessible aux animaux, il est accessible à l'homme[245]. Multipliant les négations, il souligne les vertiges de l'inconnaissance, et l'importance du non-savoir. Mais ce qui est le plus troublant, et c'est là l'origine de sa démarche, c'est que nous regardons le monde à partir d'un organe (les yeux) que nous ne pouvons voir. Aussi l'autoportrait ouvre-t-il non pas

---

243 Parant, J-L. (2005) *Animaux. Le dos et la face des animaux, op. cit.*, p. 101.

244 *Ibid.*, p. 47.

245 « L'infini est aussi inaccessible aux animaux que la terre, l'eau et l'air le sont à l'homme ». Parant, J-L. (2005) *Animaux. Le dos et la face des animaux, op. cit.*, p. 41.

des réponses, mais des questions sur l'organe et le processus de la perception, appliqué à l'animal comme à l'humain.

Comment l'animal regarde-t-il le monde ? Si Jean-Christophe Bailly a souligné à quel point l'animal et l'humain, contrairement aux végétaux, sont enfermés dans une forme finie[246], Jean-Luc Parant explore la question des limites corporelles de nos moyens de connaissance sensible. Il note que les yeux des animaux ne vont jamais là où leur corps ne peut pas aller, tandis que les yeux des humains se projettent là où leur corps ne va pas et ne peut pas aller. Sinon, les hommes ne pourraient pas déchiffrer les signes, ni lire les mots, ni aller dans les livres ou la peinture ou les écrans ou l'espace. Les hommes peuvent atteindre l'insaisissable avec leurs yeux, ce que les animaux ne peuvent pas réaliser avec les leurs. Selon lui, « les animaux sont enfermés en eux-mêmes, ils ne quittent pas le lieu qui les contient, ils ne sont jamais en liberté, le monde se limite aux contours de leur ventre »[247]. Il illustre ces propos par des dessins qui, dans le catalogue de l'exposition *Les animaux, le retour*, présenté au musée Denys-Puech de Rodez en 2005[248], présentent des portraits de têtes d'animaux à l'intérieur de leurs ventres : carpe, tatou, blaireau, marmotte, butor étoilé, corbeau, fou de Bassan, huppe, cigogne, kangourou, aigle royal, renard, crocodile, requin, éléphant, chouette. Au contraire de l'animal, l'humain, non seulement a fait entrer son corps dans sa tête, mais peut voir le monde entier dans un écran. « Les animaux ont leur tête dans leur corps (alors) que les hommes ont leur corps dans leur tête[249] », écrit-il.

---

246 « Les végétaux sont autotrophes, ils se nourrissent d'eux-mêmes et n'ont pas à se déplacer pour se nourrir, ils se développent continûment, jusqu'à ce que mort s'ensuive, alors que les humains, hétérotrophes, coupés du sol nourricier, sont condamnés à la mobilité ». Jean-Christophe Bailly, conférence sur *Le Parti-pris des animaux* (Christian Bourgois, 2013) donnée à l'Université de Toulouse 2 le 4 avril 2013.

247 Parant, J-L. (2005) *Animaux. Le dos et la face des animaux*, *op. cit.*, p. 46.

248 Le catalogue a pour titre : *Animaux. Le dos et la face des animaux.*

249 Parant, J-L. (2005) *Animaux. Le dos et la face des animaux*, *op. cit.*, p. 54.

Dans *Les Éblouis*[250], le personnage du Poète, qui reprend les mots de Jean-Luc Parant, dit :

LE POÈTE.— Je crois qu'on ne peut pas parler avec les animaux, la lumière qui nous éclaire n'est pas celle qui les éclaire…

Les animaux, eux, n'ont pas besoin d'exister.
Ils naissent et ils existent.
Quand ils naissent, ils existent déjà, parce qu'ils naissent là où il faut, vous voyez, ils ont leur élément.

PETITE FILLE.— Les poissons naissent dans l'eau, ils ont la peau qu'il leur faut pour nager.

PETIT GARÇON.— Les oiseaux ont l'air et leurs ailes, les serpents leurs écailles et la terre.

LE POÈTE.— Ils peuvent avancer dans leur élément comme nous avançons dans notre pensée.

Leur élément, c'est leur intérieur. Ils disposent sur place de ce qu'il leur faut pour manger, quand les humains n'ont pas tout détruit, tout dévoré.

Ils n'ont pas à s'habiller, ils le sont déjà en arrivant sur la terre, dans l'eau ou dans l'air.

Alors que nous, quand nous arrivons ici, nous sommes tout nus, il n'y a rien, nous ne pouvons pas entrer tout entiers dans les éléments.

Nous restons toujours la tête hors de l'eau, hors de l'air et de la terre.
Nous n'avons pas d'élément pour nous-mêmes.

PETITE FILLE.— Ça veut dire quoi, exister ?

Comment l'humain regarde-t-il l'animal ? La problématique de l'anthropomorphisme est profondément liée à nos manières de connaître, et donc de voir et de percevoir. Or, le poète, en

---

[250] Lydie Parisse et Jean Luc Parant, *Les Éblouis*, texte créé à la scène par Lydie Parisse en 2019, avec Ludivine Bluche, Charles-Éric Petit, Yves Gourmelon. Le texte n'est pas encore édité.

s'interrogeant sur l'animal, pose des questions salutaires. Percevons-nous le monde à sa juste échelle ? La suprématie de la vue n'est-elle pas une forme d'aveuglement ?

La question de l'échelle est en effet primordiale. Jean-Luc Parant a publié un livre sur ses entretiens avec Alberto Giacometti[251]. Lors d'une rencontre, il explique que ce qui est fascinant chez A. Giacometti, c'est le rapport à l'espace, que A. Giacometti est un fabricant d'espace : « l'espace est sans fin car si ce n'était pas le cas les choses seraient à leur taille, or les choses ne sont jamais à la même taille. Dans les espaces clos, le grand reste grand et le petit petit. Giacometti a détruit beaucoup d'œuvres parce que pour lui, ses portraits étaient trop petits ou trop grands[252]. » Et il conclut : « Quand sommes-nous à notre taille ? Quand nous sommes morts ?[253] » Selon Jean-Luc Parant, contrairement à l'humain, l'animal ne peut se contenter d'une image du monde pour comprendre le monde, il lui faut l'appréhender avec son corps tout entier. Il explique qu'on imaginerait mal un animal regarder par le trou d'une serrure, alors que nous, les humains, sommes tout entiers de l'autre côté quand nous regardons par le trou d'une serrure. Selon Jean-Luc Parant, Alberto Giacometti, occupé toute sa vie durant par des questions d'échelle, voulait sculpter le chat passant son corps à travers le trou de la serrure[254], car il était inimaginable que le chat puisse percevoir une image en plaçant son œil par le trou d'une serrure. Les humains, au contraire des animaux, ont réduit leur corps pour passer dans des espaces très petits. « Avec le temps nous avons mis notre corps entier dans nos yeux et le monde autour de nos livres », affirme-t-il : « Pour l'homme civilisé le monde n'est plus dans nos mains mais dans nos yeux [...]. Il est allé au-delà de ce qu'il voyait, au-delà du visible, si nous pensons, c'est que nous cherchons à aller là où nous ne pouvons pas aller avec notre corps, nos yeux nous ont aspirés tout entiers, et nous sommes là

---

[251] Parant, J-L. (2002) *Le Moindre pas de nos yeux ou Lumière sur Alberto Giacometti*, Paris, Complicités, 129 p.

[252] Jean-Luc Parant, lors d'une rencontre avec les étudiants du Master Création littéraire, Université de Toulouse 2, février 2015.

[253] *Ibid.*

[254] Alberto Giacometti, *Le Chat*, sculpture, 1951.

où personne ne voit[255] ». Comme il le souligne lors d'une rencontre au festival Voix Vives à Sète en 2016, le monde entier tient maintenant dans un écran de télévision ou d'ordinateur : « Avec les yeux, le monde est sans mesure. On n'a qu'à regarder les écrans aujourd'hui, on a le monde entier[256] ». « Avec ses yeux qui le projettent là où il n'est pas, l'homme est sans dimension dans le temps et dans l'espace [257]», affirme-t-il encore. Mais ces images nous éloignent toujours plus de notre condition animale, concrète, voire spirituelle. « Ne nous voyant pas nous-mêmes, nous sommes prêts à croire à tout l'invisible, à croire à tout ce que nous ne voyons pas, à l'infini qui nous entoure, à n'importe quel monde imaginaire, à n'importe quel Dieu sur la terre et dans le ciel[258] ». Dans ce cas, on pourrait dire que nous sommes confrontés au « visible aveugle[259] », que nous nous éloignons toujours plus de la vraie connaissance, qui passe par le toucher. Une connaissance que les animaux, eux, n'auraient pas perdue.

L'autre question est celle de la ligne de partage entre le visible et l'invisible. Il est au moins deux manières d'envisager l'invisible : au sens technique de ce qui est dérobé à notre vue parce que n'avons pas la capacité de le voir ; au sens métaphysique de ce qui serait une part cachée de la réalité, une part mystérieuse, qui creuse le vertige du sens.

Jean-Luc Parant écrit-il pour des aveugles ? Il n'écrit pas directement pour les non-voyants, bien que ceux-ci puissent être sensibles à son travail. Il écrit pour les voyants aveugles, à la manière dont d'Alembert et Leibniz écrivaient pour les aveugles. Il y a toujours une double face des yeux pour Jean-Luc Parant : les yeux voyants et les yeux aveugles. Si l'invisible dispensé par les écrans tend à recouvrir le mystère qui nous enveloppe en ré-

---

[255] Jean-Luc Parant, lors d'une rencontre avec les étudiants du Master Création littéraire, Université de Toulouse 2, février 2015.

[256] Jean-Luc Parant, rencontre lors du festival *Voix Vives* à Sète, juillet 2016.

[257] Parant, J-L. (2005) *Animaux. Le dos et la face des animaux, op.cit.*, p. 13.

[258] Parant, J-L. (2009) L'Aveuglement des yeux. In : Jean-Luc Parant. *L'évasion du regard*, Charleville-Mézières, Médiathèque Voyelles, p.14.

[259] Claude Régy parle de « l'obsession du visible aveugle » liée aux nouveaux médias. Notes personnelles prises lors d'une rencontre animée par Arnaud Rykner au Théâtre Garonne à Toulouse, 14 janvier 2008.

pandant une forme de cécité généralisée qui nous éloigne de l'instant, en revanche, l'invisible comme mystère prend la forme de l'intouchable, de l'inatteignable. C'est pourquoi, dans le lexique de Jean-Luc Parant, les catégories du visible et du touchable fonctionnent par couples d'opposés. L'énigme de la vision naît justement de notre incapacité à accéder à nos yeux en tant qu'organes. « Tout ce que je ne vois pas est dans les yeux que je ne vois pas. L'invisible est mes yeux. Et de l'invisible naît le visible[260]. » La boucle est bouclée, le cercle de l'énigme se referme, et en même temps il est ouverture vers l'impensé. Une ouverture salutaire. C'est donc à une critique de nos manières de connaître que se livre Jean-Luc Parant à travers son imagerie animale élaborée à partir d'un regard humain.

Jean-Luc Parant critique la suprématie de l'humain sur l'animal. « Tout ce qui hiérarchise le vivant est contraire à l'ordre du vivant[261]», affirme Jean-Christophe Bailly. Qu'est-ce que le vivant selon ce philosophe ? C'est ce qui informe la totalité de ce qui nous entoure, de tout ce qui bouge, de ce qui est en mouvement. Si les animaux passent leur temps à fuir l'humain, les humains, eux, courent après tout ce qui bouge pour le formaliser, le penser, le catégorifier. Jean-Christophe Bailly décrit les animaux comme des êtres qui cherchent sans cesse des caches pour fuir le regard humain, présentant la nature comme un système d'apparitions-disparitions, le caché appartenant au visible. Jean-Luc Parant aussi écrit que « les animaux ne sont pas sauvages, ils sont en train de devenir invisibles pour échapper à l'homme[262]. » Or, l'humain ne peut s'empêcher de vivre dans son mental, et par ce dédoublement du regard, il est séparé de ce qu'il regarde, qui devient un objet, comme l'a montré Maurice Merleau-Ponty[263]. « Nous ne sommes jamais là où nous sommes. Nous voyons,

---

[260] Parant, J-L. (1999) *Autoportrait.* Paris, La Différence, collection littéraire, p. 26.

[261] Bailly, J-C. (2013) lors de la conférence déjà citée.

[262] Parant, J-L. (2005) *Animaux. Le dos et la face des animaux, op. cit.*, p. 61.

[263] « Puisque la vision est palpation par le regard, il faut qu'elle aussi s'inscrive dans l'ordre d'être qu'elle nous dévoile, il faut que celui qui regarde ne soit pas lui-même étranger au monde qu'il regarde », Maurice Merleau-Ponty, M. (1964) *Le Visible et l'invisible.* Paris, Gallimard, p. 175.

nous pensons et nous ne pouvons pas nous empêcher de voir et de penser, et de sans cesse nous projeter[264] » écrit Jean-Luc Parant, décrivant toute perception comme un acte de séparation. « Pour représenter un Butor étoilé, l'homme dessine son corps, mais pour représenter un homme, l'homme dessine sa tête », tel est l'un des textes encadrés lors de l'exposition déjà mentionnée, *La Face et le profil*[265].

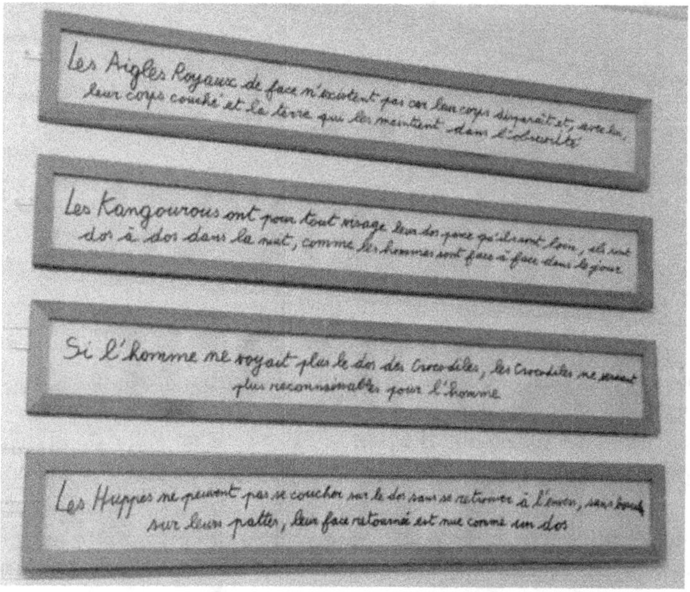

Image 1. Textes de Jean-Luc Parant encadrés et présentés lors de l'exposition musée Denys-Puech de Rodez en 2005, *Les animaux, le retour*. Photographie Lydie Parisse.

---

[264] Parant, J-L. (en cours de publication) Nouvel entretien Argol.

[265] Nous vous renvoyons aux images 1 et 2 figurant des ensembles de panneaux avec des textes de Jean-Luc Parant présentés en 2005 lors de l'exposition à Rodez déjà citée, *Les animaux, le retour*. Photographies de Lydie Parisse.

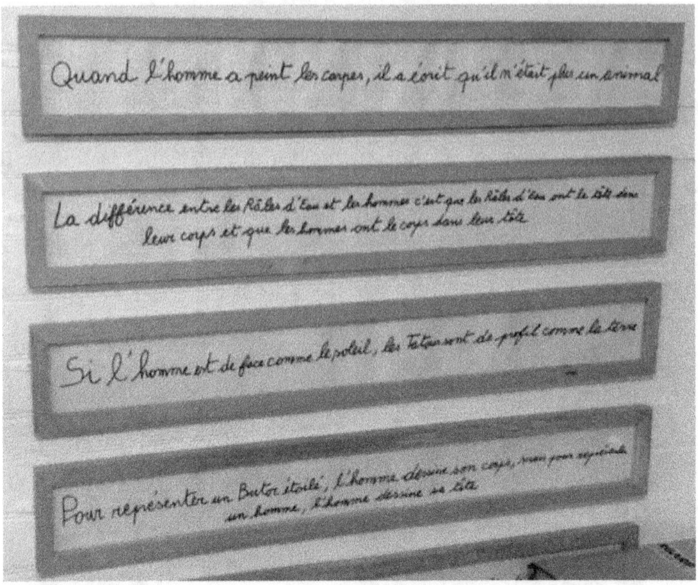

Image 2. Textes de Jean-Luc Parant encadrés et présentés lors de l'exposition musée Denys-Puech de Rodez en 2005, *Les animaux, le retour*. Photographie Lydie Parisse.

Le regard sur l'animal et sur le vivant est au cœur de la question du théâtre (et du spectacle dit « vivant ») et ce n'est pas pour rien que des artistes comme Beckett, Maeterlinck, Novarina pensent l'humain à partir des autres règnes du vivant : le végétal pour Beckett, les insectes pour Maeterlinck (spécialiste des abeilles et des fourmis), l'animal au sens d'*anima* chez Novarina, avec son *Discours aux animaux*. « Un homme parle à des animaux, c'est-à-dire à des êtres sans réponse. Il parle à trois cents yeux muets[266] », écrit-il. Pour Novarina, l'animal est celui qui ne parle pas, qui est privé de parole, il renvoie donc indirectement au collectif des spectateurs. La disparition et l'apparition recoupent toute la gamme des modalités de présence-absence, dans la nature comme au théâtre, ainsi que le souligne Jean-Christophe Bailly, lui-même fortement préoccupé de théâtre : « la présence

[266] Quatrième de couverture de *L'Inquiétude*, seconde partie du *Discours aux animaux*, Paris, P.O.L, 1993.

elle-même, loin de pouvoir être consignée, encagée ou mise en scène dans la visibilité pure et simple, se décline en une gamme infinie qui comporte l'éclipse, l'intermittence, l'effacement[267]. » Si notre émerveillement face à l'apparition d'un chevreuil qui semble nous donner, selon ce philosophe, un « accès au monde sans nom et sans projet[268] », de même, au théâtre, il y a un pouvoir de sidération de la scène, comme si le théâtre nous donnait accès au visible caché, ou à l'invisible. J'ai choisi pour ma part d'honorer la parole et l'univers plastique de Jean-Luc Parant en créant un spectacle. Le texte *Les Éblouis*[269], qui est une réécriture contemporaine de *L'Oiseau bleu* de Maeterlinck que j'ai réalisée en y insérant des paroles de Jean-Luc Parant, raconte la visite d'un palais enchanté et le parcours initiatique de deux enfants échoués, qui traverseront neuf chambres dont la chambre des animaux[270] et la chambre du chat de Jean-Luc Parant. Le récit est celui d'une conversion du regard, par lequel les deux enfants migrants qui ont perdu leurs parents en mer parviendront à retrouver une nuance d'espoir. Et cette nuance d'espoir est inséparable de la condition animale, indissolublement liée à la condition humaine : « Nous avons un corps semblable mais un sexe différent, parce que nous sommes chacun à un endroit du monde où personne n'est jamais allé et qu'aucun homme n'a jamais occupé. Nous avons pris la place d'animaux disparus et cette place nous a donné une vue du monde qui n'a jamais été dévoilée[271] ». Ce que cherche Jean-Luc Parant à travers les animaux, c'est une transformation du regard. « Nous devrions aussi considérer que faire abstraction des animaux pour penser notre monde est impossible. Les animaux ne se transforment pas seulement sous notre regard théorique, (…) ils transforment notre regard », écrit Pierre Montebello[272].

---

[267] Bailly, J-C. (2013) *op. cit.*, p. 30.
[268] Bailly, J-C. (2013) lors de la conférence déjà citée.
[269] Lydie Parisse, *Les Éblouis* (déjà cité). Nous vous renvoyons à sa page sur le site dédié : https://www.lydieparisse.com/les-migrants-maeterlinck-avenue
[270] Nous vous renvoyons aux images 3 et 4 du spectacle *Les Éblouis*, intégrant des dessins et des boules de Jean-Luc Parant.
[271] Parant, J-L. (2005) *Animaux. Le dos et la face des animaux, op. cit.*, p. 106.
[272] Montebello, P. (2015) *Métaphysiques cosmomorphes. La fin du monde humain ?* Paris, Presses du réel, Drama, 256 p.

Image 3. La Chambre des animaux dans *Les Éblouis*. Dessin de scénographie par Lydie Parisse, avec un collage de dessins de Jean-Luc Parant. Photographie Lydie Parisse.

Image 4. La Chambre des animaux dans *Les Éblouis*. Image du spectacle. Photographie Yves Gourmelon.

Notices bio-bibliographiques

Par ordre alphabétique

GEORGES CHAPOUTHIER est directeur de recherche émérite au CNRS au sein de l'Institut du Cerveau et de la Moelle Épinière (ICM) sur le site de l'hôpital Pitié-Salpêtrière à Paris. Diplômé de l'École Normale Supérieure (ENS), il a effectué un double cursus en biologie à Strasbourg et en philosophie à Lyon jusqu'au doctorat. Spécialiste de la philosophie de la biologie, ses recherches portent sur le système nerveux, la complexité, l'évolution, la relation homme-animal ainsi que les droits de l'animal. Georges Chapouthier est également membre du conseil d'administration de la Fondation Droit animal, Éthique et Sciences (LFDA), membre associé à l'Institut d'Histoire et de Philosophie des Sciences et des Techniques (IHPST, Paris), et auteur de nombreux livres sur le cerveau et sur les animaux, comme *Le chercheur et la souris* paru aux Éditions du CNRS en 2013, en collaboration avec Françoise Tristani-Potteaux.

THIERRY GROENSTEEN est un historien et théoricien belgo-français de la bande dessinée. Il contribue dans les années 1980 au développement de la théorie de la bande dessinée en dirigeant *Les Cahiers de la bande dessinée*, puis en travaillant pour *Le Monde*. En 1996, il soutient à l'Université Toulouse-Le Mirail sa thèse en Lettres modernes intitulée « Système de la bande dessinée ». Cette dernière est publiée aux PUF en 1999 sous le même titre. L'ouvrage propose une approche sémiotique de la bande dessinée. Il a également été le directeur du Musée de la bande dessinée d'Angoulême dans les années 1990 et le fondateur de la revue *9ème Art*. Auteur de près de trente ouvrages, il est chargé de mission à la Cité internationale de la bande dessinée et de l'image et enseigne à l'École Européenne Supérieure de l'Image.

ISABEL IRIBARREN est professeure d'Histoire de la philosophie médiévale à la Faculté de théologie catholique de l'Université de Strasbourg et responsable du Master d'études médiévales interdisciplinaires. Parmi ses domaines de recherche on compte l'histoire doctrinale du XIIIe au XVe siècle, la pratique du savoir dans les universités médiévales, les traditions intellectuelles des Ordres mendiants, l'œuvre de Jean Gerson (XVe siècle) et la construction des savoirs qui ont façonné les représentations des animaux et des relations homme-animal en Occident médiéval. Elle co-publie le volume *La restauration de la création – Quelle place pour les animaux ?* avec Michele Cutino et Françoise Vinel paru aux Éditions Brill en 2017 ; plus récemment, elle a publié *Josephina. L'épopée de saint Joseph*, 2 volumes, éd. Matteo Rocatti, Introduction, notes et commentaires par Isabel Iribarren, Belles Lettres 2019.

PIERRE JOUVENTIN a été pendant 40 ans directeur de recherche en Éthologie et pendant 13 ans directeur de laboratoire en Écologie au CNRS. Son travail de recherche sur les stratégies de reproduction des oiseaux et des mammifères l'a conduit à passer plus de 8 ans dans les Terres Australes et Antarctiques Françaises (TAAF). Il consacre sa retraite à publier des ouvrages scientifiques dont *Why penguins communicate – The evolution of visual and vocal displays* co-écrit avec Stephen Dobson et paru en 2017 chez Academic Press et des ouvrages à destination du grand public dont *Kamala une louve dans ma famille* paru en 2011 chez Flammarion ; *Trois prédateurs dans un salon* et *Les confessions d'un primate* parus en 2014 aux Éditions Belin ; *La face cachée de Darwin – L'animalité de l'homme* paru en 2014, *L'homme cet animal raté* paru en 2016 et *Pour une écologie du vivant – Regards croisés sur l'effondrement en cours* co-écrit avec Serge Latouche paru en 2019, aux Éditions Libre & Solidaire.

LYDIE PARISSE est maîtresse de conférences de Littérature française et de théâtre habilitée à diriger les recherches à l'Université de Toulouse 2. Elle est écrivaine et metteuse en scène. Sa pratique artistique et sa recherche sont étroitement liées. Elle a notamment co-écrit et créé à la scène *Les Éblouis*, avec la complicité du poète et plasticien Jean-Luc Parant. Ses principales publications portent sur le théâtre contemporain dans son lien à la philosophie de la voie négative : *La 'parole trouée' – Beckett, Tardieu, Novarina* aux Éditions Lettres Modernes

Minard en 2008 ; *Lagarce. Un théâtre entre présence et absence* aux Éditions Classiques Garnier en 2014. Elle a également dirigé l'ouvrage collectif *Le discours mystique dans la littérature et les arts de la fin du XIXe siècle à nos jours* paru aux Éditions Classiques Garnier en 2012.

STÉPHANE RENESSON est anthropologue, chargé de recherche au CNRS (Institut de Recherche sur l'Asie du Sud-Est Contemporaine, USR 3142). Après une thèse sur la boxe thaïlandaise, il tente de mettre au jour une forme de « Bouddhisme écologique » qui propose une conception du monde écosystémique tout à fait originale. Il s'est ainsi intéressé à d'autres jeux en Thaïlande, notamment à un ensemble de compétitions fortement institutionnalisées et populaires construites autour de coopérations insolites entre des amateurs et des animaux non humains tels que des scarabées, des poissons ou encore des oiseaux. Plus récemment ses travaux portent sur le culte des Nagas, animaux mythiques régnant sur le monde aquatique et chtonien, tels qu'ils se développent dans le Nord-Est thaïlandais. Parmi ses publications, *Wrestling beetles and ecological wisdom: how insects contribute to the cosmopolitics of Northern Thailand*, paru dans la revue « Southeast Asian Studies » en 2019.

FRÉDÉRIC ROGNON est professeur de Philosophie des religions à la faculté de Théologie Protestante de l'Université de Strasbourg, et président de la commission Justice aumônerie des prisons de la Fédération protestante de France. Il est également directeur du Groupe de Recherches et d'Études en Sociologie, Philosophie et Psychologie de la religion (GRESOPP) et responsable de l'équipe thématique : « Genèse de la modernité religieuse ». Parmi ses domaines de recherche on compte la philosophie et l'anthropologie de la sociabilité, l'étude des aspirations communautaires et utopistes dans le paysage religieux contemporain à travers leurs significations philosophiques et théologiques de l'instauration du Royaume hic et nunc, l'éthique de responsabilité et éthique de conviction, ainsi que la relation entre l'homme et l'animal dans l'histoire de la philosophie et de la théologie. Il est notamment l'auteur de *Jacques Ellul – Une pensée en dialogue* paru aux Éditions Labor et Fides en 2007 et réédité en 2013 et de *Charles Gides – Éthique protestante et solidarité économique* paru aux Éditions Olivétan en 2016.

CÉDRIC SUEUR est maître de conférences habilité à diriger des recherches en Éthologie à l'Université de Strasbourg depuis 2011. Il est spécialiste du comportement animal, plus particulièrement de la mise en réseau sociale et du processus décisionnel dans les groupes animaux au Département d'Écologie, Physiologie, Éthologie de l'Institut Pluridisciplinaire Hubert Curien du CNRS. Cédric Sueur dirige la spécialisation en Éthique animale du Master « Éthique, Société, Droits de l'Homme » du Centre Européen d'Enseignement et de Recherche en Éthique (CEERE) et codirige le Master « Écologie, Écophysiologie et Éthologie » de l'Université de Strasbourg. Il a codirigé avec Marie Pelé l'ouvrage *Questions d'actualité en éthique animale* paru aux Éditions L'Harmattan en 2017.

ENRIQUE UTRIA est chercheur postdoctoral en Philosophie au sein de l'équipe de recherche interdisciplinaire sur les aires culturelles de l'Université de Rouen. Spécialiste d'éthique animale, il est l'auteur d'une thèse sur les droits des animaux, ainsi que d'une dizaine d'articles sur la question animale, dont *La viande heureuse et les cervelles miséricordieuses* publié dans « Souffrances animales et traditions humaines : rompre le silence » dirigé par Lucile Desblache et paru aux Presses universitaires de Dijon en 2014. Il a, par ailleurs, traduit l'ouvrage classique de Tom Regan, *Les droits des animaux* paru aux Éditions Hermann en 2013, et codirigé avec Émilie Dardenne et Valéry Giroux, *Peter Singer et la libération animale, quarante ans plus tard* aux Presses universitaires de Rennes en 2017.

ANNABEL VALLARD est anthropologue, chargée de recherche au CNRS (Centre Asie du Sud-Est - UMR 8170). Ses travaux portent sur les relations que les êtres humains entretiennent avec les matériaux qu'ils travaillent dans le cadre de filières transnationales. En complément du textile, elle s'intéresse aux gemmes et aux matériaux dévotionnels. Dans le cadre de ses travaux sur la soie, elle explore les relations interspécifiques liant les êtres humains à diverses espèces séricigènes. Ses terrains, principalement dans le Sud-Est asiatique (Laos, Thaïlande, Myanmar), s'ouvrent au Japon et à l'Inde. Annabel Vallard est l'auteure de l'ouvrage *Des humains et des matériaux – Ethnographie d'une filière textile artisanale au Laos* paru aux Éditions Petra (Collection « Anthropologiques ») en 2013. Elle publie également *Quand la vie ne tient qu'à un soupçon de sensibilité* dans « Techniques & Culture » en 2017.

Structures éditoriales du groupe L'Harmattan

L'Harmattan Italie
Via degli Artisti, 15
10124 Torino
harmattan.italia@gmail.com

L'Harmattan Hongrie
Kossuth l. u. 14-16.
1053 Budapest
harmattan@harmattan.hu

L'Harmattan Sénégal
10 VDN en face Mermoz
BP 45034 Dakar-Fann
senharmattan@gmail.com

L'Harmattan Cameroun
TSINGA/FECAFOOT
BP 11486 Yaoundé
inkoukam@gmail.com

L'Harmattan Burkina Faso
Achille Somé – tengnule@hotmail.fr

L'Harmattan Guinée
Almamya, rue KA 028 OKB Agency
BP 3470 Conakry
harmattanguinee@yahoo.fr

L'Harmattan RDC
185, avenue Nyangwe
Commune de Lingwala – Kinshasa
matangilamusadila@yahoo.fr

L'Harmattan Congo
67, boulevard Denis-Sassou-N'Guesso
BP 2874 Brazzaville
harmattan.congo@yahoo.fr

L'Harmattan Mali
Sirakoro-Meguetana V31
Bamako
syllaka@yahoo.fr

L'Harmattan Togo
Djidjole – Lomé
Maison Amela
face EPP BATOME
ddamela@aol.com

L'Harmattan Côte d'Ivoire
Résidence Karl – Cité des Arts
Abidjan-Cocody
03 BP 1588 Abidjan
espace_harmattan.ci@hotmail.fr

L'Harmattan Algérie
22, rue Moulay-Mohamed
31000 Oran
info2@harmattan-algerie.com

L'Harmattan Maroc
5, rue Ferrane-Kouicha, Talaâ-Elkbira
Chrableyine, Fès-Médine
30000 Fès
harmattan.maroc@gmail.com

Nos librairies en France

Librairie internationale
16, rue des Écoles – 75005 Paris
librairie.internationale@harmattan.fr
01 40 46 79 11
www.librairieharmattan.com

Librairie l'Espace Harmattan
21 bis, rue des Écoles – 75005 Paris
librairie.espace@harmattan.fr
01 43 29 49 42

Lib. sciences humaines & histoire
21, rue des Écoles – 75005 Paris
librairie.sh@harmattan.fr
01 46 34 13 71
www.librairieharmattansh.com

Lib. Méditerranée & Moyen-Orient
7, rue des Carmes – 75005 Paris
librairie.mediterranee@harmattan.fr
01 43 29 71 15

Librairie Le Lucernaire
53, rue Notre-Dame-des-Champs – 75006 Paris
librairie@lucernaire.fr
01 42 22 67 13

www.ingramcontent.com/pod-product-compliance
Lightning Source LLC
LaVergne TN
LVHW010944051026
849532LV00003B/1130